アインシュタインの物理学革命

理論はいかにして生まれたのか

唐木田健一

日本評論社

はじめに

　本書は，量子論，ブラウン運動の理論，特殊および一般相対性理論に関するアインシュタインの原論文を対象として，その核心を詳細に解説したものである．とくに，各理論においてアインシュタインを導いたもの，あるいは同じことであるが，彼の課題の把握の仕方について着目した．

　ここで対象とする諸論文はすべて20世紀初頭の物理学革命に寄与したものである．この物理学革命は世界史的な大事件であった．それは，その後の社会のあり方を，すっかりと条件づけてしまった．視界を学問内部に限定しても，その影響は物理学を越えて自然科学全体，さらには哲学にまで及んだ．たとえば特殊相対性理論は，それまでの時間−空間概念を根底から改変した．また一般相対性理論は，ユークリッド幾何学が現実の世界で厳密には成立していないことを示した．ユークリッド幾何学は，カントのいう「先天的総合判断」（経験と合致する超経験的真理）の体系と考えられていたものである．さらに量子力学は，微視的な世界における諸対象の振る舞いが，日常の巨視的な世界とはまったく異なることを明らかにした．

　物理学革命はこのように，影響が広範にわたる重大な内容を有するのであるが，ここでは，これまであまり適切に議論されることのなかった別の点に着目してみたい．それは，この物理学革命においては，それまで真理の規準と考えられ，人々を導いてきたニュートン力学を中心とする諸理論が，他の理論（特殊および一般相対性理論，量子力学）に取って代わられたということである．この，真理の規準とも考えられた体系が他のものに取って代わられるというのは，実は不思議な出来事なのである．

　物理学では，経験との一致が要求され，経験は観測および実験により与えられる．したがって，いかに偉大な理論といえど，経験との不一致が明らかになれば見捨てられるであろう．物理学革命はこうして引き起こされたと考えられる．科学者の多くもそのような見解をもっているのであろう．しかしながらそれは，歴史的事実とは一致しない．たとえば，「水星の近日点の移動」という

現象がある．これについて，どうしても説明のつかない量が残ることはすでに19世紀の半ばごろには知られており，しかも現在のわれわれはそれがニュートン力学の限界を示していて，アインシュタインの一般相対性理論によって初めて説明が可能な量であることを知っている．しかし，これをもってニュートン力学が廃棄されることはなかった．理論が現象を説明できないといっても，それが直ちに理論の欠陥を意味するわけではない．理論の応用の仕方が不適切なのかも知れない．あるいはわれわれは観測対象に関し，何か重要な要素を見落としているのかも知れない．

あるいは，もっと単純な例をあげれば，われわれの実験室においては，「エネルギー保存の法則」や「質量保存の法則」といった大原理の破れていることがしばしば見出される．かといってわれわれは，「エネルギー保存の法則の破れを発見した！」などとして論文を発表することなどしない．そうではなく，誤差評価が適切であったか，実験のどこに見落としがあったのかを徹底して調べるのである．このように，基本理論や基本原理が経験と一致しないことが見出されたからといって，それをもってそれらが廃棄されてしまうことなどはあり得ない．

他方，「経験と一致しないからといって基本理論が廃棄されるなどということはない」という事実をもって，「科学理論の変化はいわば宗教的回心のようなものであって，そこに合理的理由はない」とする奇態な主張が一時，主として科学外の世界において，蔓延したことがあった．その主張をまとめれば次のようになるであろう．すなわち，新しい理論は，さまざまのいわば政治的な多数派工作によって，古い理論を駆逐することにより勝利を獲得する．新しい理論の提唱者（「発見者」）は古い理論とはまったく別の思考の枠組み（《パラダイム》！）に依拠し古い理論とは対立していて，両者の間は言葉が通じ合わない（すなわち「通約不可能」の）関係にある．ということで，この主張においては，科学において進歩なるものがあるのか，それともないのかが曖昧にされてしまう[1]．

---

[1] 実際，こんな主張がかつて，一世を風靡したのである．その実態と詳細については次の文献参照：藤永茂『トーマス・クーン解体新書』ボイジャー・プレス（2017）．

基本理論が変化するのは実験や観測によって反証されるためではないし，ましてやいわゆる宗教的回心にたとえられるようなものでもない[2]．科学者たちの規範であった理論が他の理論に変化する（取って代わられる）のは，まさにその規範性によるのである．すなわち，最高の権威をもつ理論を否定できるのは，その理論自身以外にない．基本理論はその内部矛盾によって変化を導くのである[3]．具体的には，特定の課題を解決するため，基本理論を中心とした諸理論を動員しておこなう理論的活動が，深刻な矛盾を露呈する．そして，真正の矛盾は，それを解消しようと努力すればするほど顕在化してくるという性質をもっている．これが理論変化の動機および必然性を根拠づけるのである．

　理論と合わない事実（観測や実験の結果）の存在は，単にそこに研究課題があることを意味するに過ぎない．事実は理論的活動に取り込まれ，そこに矛盾を生じさせることによって初めて，理論変化に寄与する．また，矛盾は特定の課題に向けた理論的活動において見出されるものであり，そこには既存の諸理論が動員される．したがって，発見者は例外なく既存の諸理論に通じており，それを首尾一貫して理解しようとする性向を有している[4]．

　発見者はこのように，少なくともさしあたっては，既存の諸理論を足場にする．また，理論内部の矛盾を明らかにするために，さしあたっては特定の立場を採用し，それに対する否定を引き出すという操作が用いられることもある．そのため，のちの時代になって発見者の原論文に接した読者は，発見者の革新性に疑いを抱くことすらある．しかし，「さしあたって」の立場は仮の立場なのであって，この点の注意が必要である．

　上に述べた基本理論の変化の機構および発見者の振る舞いについて，私がむかしから着目しているのがアインシュタインである．私の見解によれば，彼は

---

[2] なお，私自身は「宗教的回心」も当然，合＝理的探究の対象になり得ると考えている．
[3] この点について私はすでに他の文献で考察した：唐木田健一『理論の創造と創造の理論』朝倉書店（1995）．
[4] かつて，創造活動に関して，既存の知識は先入観となって創造の妨げになるかのような議論が横行し，あえて無知・無学が奨励されるようなこともあった．これはまったく創造の理論に反する．仮に無知・無学に有用な点があるとすればそれは，既存の知識に通じそれを首尾一貫して理解しようとする性向をもった人に対して，ブレークスルーのためのヒントを与え得るということに過ぎない．

既存の諸理論を足場にしてその矛盾を追究し，そののりこえをめざすという活動を，きわめて自覚的におこなっている．そのことは，彼の諸論文の「序」に典型的に表れているが，本文における論理展開においてもしばしば見出すことができる．アインシュタインは論文によるプレゼンテーションがきわめて巧みであることが知られている．既存の重要な理論における矛盾が明確にされれば，読者は論文の扱おうとする課題をよく理解できるし，それに対する興味も引き起こされる．また同時に，新しく提起された理論の首尾と意義とが深く印象づけられるであろう．

　本書は，諸分野におけるアインシュタインの問題提起とその解決に向けての努力を，主として彼の原論文にもとづいて紹介する．これにより，アインシュタインを通して，いかに物理学革命が起こったのかの一端を伝え，またとりわけ彼の課題把握の仕方，問題提起の仕方が明らかになるよう意図した．

　本書は，その趣旨からして，物理学を専攻としない広範な人々も読者に想定している．本書がそのような人々に対し，アインシュタインの原論文へのよきガイドとなることを願っている．アインシュタインの原論文はいずれも，手本となるほどに，明晰かつ懇切である．しかし，それらは学術雑誌への投稿論文であり，本書ほどにわかりやすいものではない．

　なお，誤解は避けておきたいが，本書で着目する「方法」は大理論のみが対象なのではない．課題に関わる諸要素を首尾一貫して統合し，そこに矛盾・不整合・欠如を見出すこと，あるいは，それまで独立と考えられていた要素間に関係を発見することは，日常的な課題にも有効に活用できることである．大理論の場合との違いは，課題解決の結果が既存の枠組みにおさまるか，あるいはそれをはみ出すかにある．結果が既存の枠組みにおさまったとしても，それ自体は何も，課題解決の価値を低めるものではない．

2018年3月15日
唐木田　健一

目次

はじめに……i

第Ⅰ部
量子論……001

- 1章　背景……002
- 2章　光量子……009
- 3章　固体の比熱……019
- 4章　輻射エネルギーの揺らぎ……025
- 5章　量子論による輻射の放出および吸収……033
- 6章　EPRパラドックス……042

第Ⅱ部
ブラウン運動……055

- 1章　背景……056
- 2章　液体中の懸濁粒子の運動……061

第Ⅲ部
相対性理論……075

- 1章　背景……076
- 2章　特殊相対性理論……081

3章　物体の慣性はそのエネルギー含量に依存するか？……097
4章　一般相対性理論……105

補足……117

A　ヴィーンの輻射式……118
B　プランクの輻射式……121
C　エントロピーとエネルギーの関係……127
D　エントロピーの体積依存性に関わる積分の計算……129
E　エネルギーの揺らぎに関わる積分の計算……131
F　デルタ関数に関わる諸公式と関連の計算……133
G　マクスウェル方程式の変換……136
H　ガウスの曲面上の距離……142

写真の出典……143
索引……145

第Ⅰ部

量子論

1章 背景

▶ はじめに

　アインシュタイン（A. Einstein, 1879-1955）は相対性理論で知られるが，量子論（→量子力学）においても最も重要かつ不可欠な建設者の一人である．ここではまず，彼の光量子論について考察する．

　私が初めて光量子論に接したのは大学の教養課程における「一般物理」のときであった．そこでの私の印象によれば，「アインシュタインは，当時謎とされていた光電効果の実験結果に対して光量子仮説を思いつき，それにもとづいて光電効果をみごとに説明した」というものであった．しかし，ずっとあとになり光量子論の原論文をみて非常に意外だったのは，アインシュタインは当時の既存の諸理論を駆使し，「光が粒子の集団のように振る舞う」ことを理論的に導き出していることであった．光電効果はいわば，その理論的帰結を裏づける証拠の一つに過ぎなかった．この辺の具体的事情についてはすぐあとで触れることになる．

　少し一般的に考えてみよう．ある時代にある現象が理論的活動の対象になったとする．そして，後世のわれわれはその現象がその時代の理論では取り扱うことができず，そののちに確立する新理論をもって初めて一貫した解釈ができるということを知っているものとする．この場合，その時代の人々は，その現象に対しいかなるアプローチが可能であろうか？　手もちの理論ではだめ，そして期待される新理論はいまだ出現しない．この問いへの解答はもちろん容易である．人々は手もちの理論によってその現象に迫っていくことになる．第一，人々はその現象が自分たちの理論の適用限界の外にあることなどは知らない．あるいは，そのことを予感していたとしても適当な武器はない．そこで，その現象に対してさまざまなモデルを立て，可能な理論を探究することになる．アインシュタインもそのように動いたのである．なお，ここでの彼の関心事は，「空洞輻射」現象にあった．

▶ 空洞輻射

アインシュタイン

空洞輻射は黒体輻射とも呼ばれる．何となく地味で特殊な現象と思われるかも知れないが，これは非常に普遍的な性格をもつ科学的課題であった．また，当時の社会における白熱電球による照明や，鉄鋼業の発展に伴う高温測定などの，産業上のニーズとも密接な関係があった．

一般に物質は加熱するとさまざまな振動数（「色」）の電磁波を放出する．比較的に低温（～100℃）では目には見えない赤外線が放射され，手を近づけると温かく感じられる．600℃程度になるとかすかに赤色の光が観察されるようになる．さらに温度が上がると黄色を帯びた白色を呈する．従来の電球のフィラメント温度は2000～3000℃の程度である．アーク灯の青白い光はおよそ4000℃であって，それには多量の紫外線が含まれる．物質はこのように，温度が上がるにつれて振動数の高い光も放出するようになる[1]．この現象を定量的に記述し，説明しようとするのが空洞輻射の研究である．

空洞とは電磁波を透過しない壁に囲まれた比較的に大きな領域のことである．理論構成を単純にするため，この領域は真空であると考えておくことにしよう．ここで，壁を一定温度で加熱すると，空洞内に電磁的輻射が発生する．そして，しばらくののち，空洞内の輻射は平衡に達する．このときの輻射における振動数の分布と温度との関係が求めるものである．この輻射に対しては電磁気学におけるマクスウェル方程式が適用できると考えられる．マクスウェル方程式は電荷や電流を含まない真空に対しても成立するのである．

空洞内の輻射の様子を知るには，壁に小さな穴をあけ，そこからプローブで観察すればよい（図I.1）．空洞の大きさにくらべて穴が十分に小さければ，輻射に与える影響は無視できるであろう．なお，プローブによる観察において

---

[1] 赤の振動数はおよそ 4.5×10^{14} Hz，青は 6.5×10^{14} Hz の程度である（ここで Hz〔ヘルツ〕は1秒間の振動数を表す単位，s^{-1} と同じ）．白色は可視領域のさまざまな振動数の光が混じっていることを意味する．なお，ここにおける色の表現と温度はすべておよその目安に過ぎない．

図 I.1 空洞輻射観察のモデル
空洞内の輻射を小さな穴からプローブで観察する．

は，空洞の真空を破らないことが前提である．

　空洞輻射において重要なことは，到達する平衡状態が，空洞を構成する壁の材料および空洞の形態には依存しないということである．これは，1860年前後に，キルヒホフ（G. R. Kirchhoff, 1824-1887）により理論的に示されたことである．キルヒホフは電気回路における「キルヒホフの法則」でも知られる人物である．

　空洞輻射が壁の材料に依存しないというのは不思議なことのように思われる．われわれは各物質がそれぞれ特有な振動数の電磁波（光）を輻射あるいは吸収することを知っている．その性質を利用して物質の同定ができるくらいである．しかしこの不思議さは，物質からの輻射はその物質の輻射能と吸収能の比によって定まり，その比は（同一温度・同一振動数に対し）すべての物質において同一であることを知れば解消するであろう．すなわち，特有の振動数の電磁波を輻射する物質はまた，その振動数の電磁波を吸収する性質を有しており，そのため，平衡状態では，輻射は物質に無関係となってしまうのである．

　空洞輻射が物質の材料に関係がないのであれば，なぜそれをわざわざ黒体輻射などと呼ぶのであろうか．黒体とはすべての振動数の電磁波を完全に吸収する物質のことである．黒体は（「理想気体」，「理想溶液」などと同様）一種の「理想型」であって，現実には存在しないものであるが，大まかには，たとえば炭は黒体に近い．空洞輻射を黒体輻射とも呼ぶのは，黒体はつねに，平衡状態での空洞と同一の輻射を示すからである．

キルヒホフ　　　　　　　ヴィーン

▶ 輻射の公式

　空洞輻射に関する実験と理論に画期的な進展をもたらしたのはヴィーン (W. Wien, 1864-1928) である．彼は1896年，現在の記号を用いれば，次のように表現される輻射式を提出した[2]．

$$\rho(\nu, T) = A\nu^3 \exp\left(-\frac{h\nu}{kT}\right) \qquad (\mathrm{I.1.1})$$

ここで，ν は輻射の振動数，T は絶対温度で表した壁の温度である．A, h および k は定数であるが，このうち h および k はそれぞれ現在，プランク定数およびボルツマン定数という名称で知られる普遍定数である．

　$\rho(\nu, T)$ は，振動数が $\nu \sim \nu + d\nu$ の範囲にある輻射の単位体積あたりのエネルギーが $\rho(\nu, T)d\nu$ で与えられるような量（「輻射密度」）である．したがって，空洞の体積を V とすれば，空洞内での振動数 $\nu \sim \nu + d\nu$ の範囲にある輻射のエネルギー E は

$$E = V \cdot \rho(\nu, T)d\nu \qquad (\mathrm{I.1.2})$$

で与えられることになる．また，この量を $\nu = 0$ から ∞ まで積分すると，温度 T における空洞内の全エネルギーが得られる．

　これに対し，ヴィーンの式は根拠が明確でないことを指摘したレイリー (J. W. S. Rayleigh, 1842-1919) は，統計力学にもとづいて彼独自の輻射式を提案したが（1900年），この結果を引き継ぎ，かつマクスウェル電磁気学を根拠として輻射式を導出したのはジーンズ (J. H. Jeans, 1877-1946) である（1905

---

[2] この式については，補足「A ヴィーンの輻射式」参照．

レイリー

ジーンズ

年).彼がまとめた式は,やはり現在の記号を用いれば,

$$\rho(\nu, T) = \frac{8\pi kT}{c^3}\nu^2 \quad (\mathrm{I}.1.3)$$

というものであった[3].記号の意味は上の(I.1.1)と同じであり,それに加えて c は光速度を表す.このジーンズの式は,当時の理論的見地からは,最も正統な素性を有すると認められるものであった.あとでわかるが,アインシュタインもその見解を保持した.

与えられた輻射式を $x = h\nu/kT$ という無次元量[4]で表すと,簡単な変形により,ヴィーンの式は

$$\rho(\nu, T) \propto T^3 x^3 \exp(-x) \quad (\mathrm{I}.1.4)$$

ジーンズの式は

$$\rho(\nu, T) \propto T^3 x^2 \quad (\mathrm{I}.1.5)$$

と書くことができる.ここで,共通の係数を除いた部分をプロットすると図I.2が得られる.

ここには,このすぐあとに登場するプランクの式も描かれているが,それを実測値とみなすことにすると,次のようなことがわかる.すなわち,ヴィーンの式は全体的によく合ってはいるが,x が小さいとき,すなわち振動数 ν が小さく,温度 T が高いときには,明らかに実測値との不一致がみられる.他方,正統的なジーンズの式はその逆で,x が小さい一部の領域では実測値と合っているが,そこを離れると実測値とは著しい乖離を生じる.x が大きくなるにつ

---

3) この式については,補足「B プランクの輻射式」における「ジーンズの式」の項参照.
4) $h\nu$ および kT はともにエネルギーの次元を有する.したがって x は無次元量である.

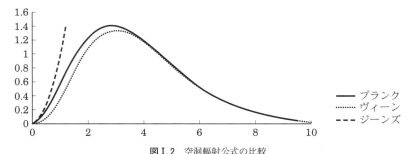

図 I.2 空洞輻射公式の比較

$x = h\nu/kT$ という無次元量を横軸とし，輻射密度 $\rho(\nu, T)$〔縦軸〕を相対比較した．プランクの公式は実測値と一致する．

れ，式の値は無限大へと向かう．これは明らかに事実に反するものであった．

プランク（M. K. E. L. Planck, 1858-1947）が彼の有名な輻射式を提出したのは1900年のことで，それは，

$$\rho(\nu, T) = \frac{8\pi h\nu^3}{c^3} \frac{1}{\exp\left(\dfrac{h\nu}{kT}\right)-1} \tag{I.1.6}$$

と表すことができる[5]．これは，すべての振動数において，実測値ときわめてよい一致をみせた．ついでに，先の無次元量を用いれば，この式は

$$\rho(\nu, T) \propto T^3 \frac{x^3}{\exp(x)-1} \tag{I.1.7}$$

となる．

指数関数は，x の値が小さいとき，

$$\exp(x) \approx 1+x \tag{I.1.8}$$

と近似できることが知られている．プランクの式（I.1.7）においてこの近似をおこなうと，ジーンズの式（I.1.5）が得られる．他方，x の値が大きいときは，

$$\exp(-x) \ll 1 \tag{I.1.9}$$

が成立する．したがって，そのとき〔$\exp(-x) = 1/\exp(x)$ を考慮すると〕

---

5) この式については，補足「B プランクの輻射式」参照．

プランク

ニュートン

$$\frac{1}{\exp(x)-1} = \frac{\exp(-x)}{1-\exp(-x)} \approx \exp(-x) \qquad (\mathrm{I}.1.10)$$

と近似できる．プランクの式（I.1.7）においてこの近似をおこなうと，ヴィーンの式（I.1.4）が得られる．

▶ 波動と粒子

　光量子論は，光が粒子的に振る舞うことを主張する．光粒子説ではニュートン（I. Newton, 1642-1727）が有名であるが，19世紀初頭以降，「干渉」，「回折」，「偏り」に関する諸実験，およびマクスウェル電磁気学によって，光が波動であるという認識はすでに確立されていた．粒子と波動は対立する概念である．粒子は位置を規定できるが，波動は広がりをもつ．また，粒子はそれ自体で存在し真空中を運動できるが，波動には媒体が必要であり，その中で伝播できるだけである．あるいは，波動とは媒体の振動のことである．音波は典型的には，空気が媒体である．池の波紋は水が媒体である．また，電磁波（光）の媒体として想定されたのが，アインシュタインの特殊相対性理論によって否定されることになる，かの「エーテル」であった．

2章 光量子

▶ 輻射のエントロピー

およそ舞台が整ったので,アインシュタインの光量子論について,その思考を追っていくことにしよう[1]。

輻射が平衡に達したということは,空洞における輻射のエネルギーが一定という条件のもとで,エントロピーが増大して極大値になった状態と考えることができる.アインシュタインは熱力学における関係式

$$\frac{\partial E}{\partial S} = T \tag{I.2.1}$$

に着目した[2].ここで,E は系のエネルギー,S はエントロピーであり,平衡状態における関係を表す.

前章の式 (I.1.2) の E における関数 $\rho(\nu, T)$ に対応する量として,S について関数 $\varphi(\rho, \nu)$ を

$$S = V \cdot \varphi(\rho, \nu) d\nu \tag{I.2.2}$$

のように定義し,$\rho(\nu, T)$ および $\varphi(\rho, \nu)$ をそれぞれ単に ρ および φ と表現すれば,(I.2.1) により

$$\frac{\partial \rho}{\partial \varphi} = T \tag{I.2.3}$$

あるいは,この分母・分子を入れ替えて

$$\frac{\partial \varphi}{\partial \rho} = \frac{1}{T} \tag{I.2.4}$$

---

[1] 以下の記述は次の文献にもとづく:A. Einstein, "Über einen die Erzeugung und Verwandlung des Lichtes betreffenden heuristischen Gesichtspunkt", *Annalen der Physik*, **17** (1905), pp. 132-148.
[2] この式については,補足「C エントロピーとエネルギーの関係」参照.なお,これから説明することであるが,この式を用いてエントロピーSを求め,それをボルツマン原理 ($S = k \log W$) によって確率 W と結びつけて議論するのは,アインシュタインの得意技の一つである.4章でも同様な手法がみられる.

が成立する．いまわれわれが求めるのは，ρ の関数としての φ である．

▶ ヴィーンの式に着目

　ここでアインシュタインは，ヴィーンの式（I.1.1）を取り上げる．この式は，すでに述べたように，厳密には実験値と合わない．しかし，ν/T が大きな値の場合は，非常によく合うことが明らかになっている．アインシュタインはこの式を計算の基礎とした．ただし，その成立条件（ν/T 大）については十分に留意が必要である．

　式（I.1.1）を変形して

$$\frac{\rho}{A\nu^3} = \exp\left(-\frac{h\nu}{kT}\right) \tag{I.2.5}$$

とし，両辺の（自然）対数をとると，（右辺と左辺を入れ替えて）

$$-\frac{h\nu}{kT} = \log\frac{\rho}{A\nu^3} \tag{I.2.6}$$

これより

$$\frac{1}{T} = -\frac{k}{h\nu}\log\frac{\rho}{A\nu^3} \tag{I.2.7}$$

を得る．これを（I.2.4）に代入すると

$$\frac{\partial\varphi}{\partial\rho} = -\frac{k}{h\nu}\log\frac{\rho}{A\nu^3} \tag{I.2.8}$$

これより φ は，ρ についての積分形として，

$$\varphi = -\int_0^\rho \frac{k}{h\nu}\log\frac{\rho}{A\nu^3} d\rho \tag{I.2.9}$$

と表される．これを積分した結果は

$$\varphi = -\frac{k\rho}{h\nu}\left(\log\frac{\rho}{A\nu^3} - 1\right) \tag{I.2.10}$$

である[3]．

---

3)　この式については，補足「D エントロピーの体積依存性に関わる積分の計算」参照．

▶ エントロピーの体積依存性

いま,振動数が $\nu \sim \nu + d\nu$ の範囲にある輻射に着目することにしよう.アインシュタインは,これを「単色光輻射」と呼んでいる.(I.2.10) において (I.1.2) および (I.2.2) を用いて ρ と φ をそれぞれ E と S に戻すと,

$$S = -\frac{kE}{h\nu}\left(\log \frac{E}{VA\nu^3 d\nu} - 1\right) \tag{I.2.11}$$

これは,振動数が $\nu \sim \nu + d\nu$ の範囲にあるエネルギー E の輻射のエントロピー S で,体積 V を占めている.これと同一の輻射が体積 V_0 を占めたときのエントロピーを S_0 とすれば,

$$S_0 = -\frac{kE}{h\nu}\left(\log \frac{E}{V_0 A\nu^3 d\nu} - 1\right) \tag{I.2.12}$$

である.

ここでエントロピーの体積依存性を求めると,

$$\begin{aligned} S - S_0 &= -\frac{kE}{h\nu}\left(\log \frac{E}{VA\nu^3 d\nu} - \log \frac{E}{V_0 A\nu^3 d\nu}\right) \\ &= -\frac{kE}{h\nu}\left(\log \frac{E}{VA\nu^3 d\nu} \cdot \frac{V_0 A\nu^3 d\nu}{E}\right) = -\frac{kE}{h\nu}\log\left(\frac{V_0}{V}\right) \end{aligned} \tag{I.2.13}$$

となって,最終的には(最右辺の対数の中の分母と分子を入れ替えて)

$$S - S_0 = \frac{kE}{h\nu}\log\left(\frac{V}{V_0}\right) \tag{I.2.14}$$

を得る.

この式は興味深い形をしている.理想気体(や希薄溶液)のエントロピーは,温度一定のとき,

$$S - S_0 = mR \log\left(\frac{V}{V_0}\right) \tag{I.2.15}$$

と体積変化をすることが知られている[4].ここで,m は気体(や溶質)の物質量,R は気体定数である.いま扱っている ν/T 大の単色光輻射は,これとま

---

[4] この式は,通常の熱力学の教科書において容易に見出すことができる.

ボルツマン

ったく同じ法則にしたがっていることがわかる.

▶ ボルツマン原理の一般的定式化

次にアインシュタインは,「確率」という言葉には問題が含まれることを示唆しながら, ボルツマン (L. Boltzmann, 1844-1906) が導入した原理, すなわち, 系のエントロピー S はその状態の確率 W の関数であるという原理について,「きわめて特殊な場合についてのみ」と断りつつ, その一般的定式化と応用について考察をはじめる.

一つの系の状態の確率を問題とすることに意味があり, また, エントロピーの増加がすべて, より確率の大きな状態への移行と解釈できるのであれば, 一つの系のエントロピーは, その系の瞬間的な状態の確率の関数である. したがって, 二つの互いに相互作用のない系 S_1 と S_2 があるとき,

$$S_1 = \varphi_1(W_1) \tag{I.2.16}$$
$$S_2 = \varphi_2(W_2) \tag{I.2.17}$$

と書くことができる. この二つの系を, エントロピー S と確率 W をもつ単一の系とみなせば,

$$S = S_1 + S_2 = \varphi(W) \tag{I.2.18}$$

および

$$W = W_1 \cdot W_2 \tag{I.2.19}$$

となる. この W の関係は, 二つの系の状態が互いに独立な事象であることを示している. すなわち, よく知られているように, 二つの独立な事象が同時に生じる確率は, それぞれの確率の積に等しい.

これらの方程式から,

$$\varphi(W_1 \cdot W_2) = \varphi_1(W_1) + \varphi_2(W_2) \tag{I.2.20}$$

が導かれるが, このような関係を有する関数は対数である. したがって, 一般に

$$S = \varphi(W) = C \log W + \text{const} \tag{I.2.21}$$

とおくことができる. ここで C は, 気体分子運動論により与えられており, 普遍量としてのボルツマン定数 k であることが知られている.

いま，考えている系の初期状態の確率を W_0，エントロピーを S_0，さらにエントロピーが S の状態の確率を W とすれば，

$$S - S_0 = \varphi(W) - \varphi(W_0) = k(\log W - \log W_0) = k \log \frac{W}{W_0} \qquad (\text{I}.2.22)$$

ここで右辺の W/W_0 をあらためて W と定義し直し，それを（初期状態に対する）「相対確率」と呼ぶことにして，

$$S - S_0 = k \log W \qquad (\text{I}.2.23)$$

を得る[5]．

▶ 分子論的考察

次のような特別な場合を考えてみる．体積 V_0 の中に運動可能な点（たとえば分子）が n 個存在し，それらの点の運動に関しては，どんな空間部分およびどんな方向も「平等」であるとする．ただし，問題の運動可能な点は少数なので，点どうしの相互作用は無視できることを前提とし，そのときのエントロピーを S_0 としておく．

いま体積 V_0 の中に部分体積 V を想定すると，1 個の点がその中に見出される確率は V/V_0 である．そして，ある瞬間に，与えられた体積 V_0 の中で互いに独立に運動する n 個の点が，たまたますべて体積 V の中に見出されたとすると，その確率 W は

$$W = \left(\frac{V}{V_0}\right)^n \qquad (\text{I}.2.24)$$

で与えられる．すなわち，すでに（I.2.19）に関連して触れたように，独立な事象が同時に生じる確率は，それぞれの確率の積に等しい．この場合には n 個の事象が関わっている．この（I.2.24）を（I.2.23）に代入して

$$S - S_0 = k \log \left(\frac{V}{V_0}\right)^n = nk \log \left(\frac{V}{V_0}\right) \qquad (\text{I}.2.25)$$

---

[5] 現在，ボルツマン原理は，$S = k \log W$ と表現されている．このような形式で書いたのはプランクが初めてである．また，アインシュタインも，ボルツマン原理の定式化に貢献した一人である．なお，この式における W は現在，「与えられた巨視的条件のもとで可能な微視的状態の数（熱力学的重率）」と定義されている．

を得る．これは理想気体や希薄溶液におけるエントロピーの体積依存性を表す[6]．この式は，このように，n 個の点の運動についてとくに仮定を用いることなく導出できる．

▶ エントロピーの体積依存性をボルツマン原理で解釈する

さて，いよいよ重要な局面に入る．ここで，先の（I.2.14）を
$$S - S_0 = k \log \left(\frac{V}{V_0} \right)^{\frac{E}{h\nu}} \tag{I.2.26}$$
と変形し，ボルツマン原理を表す一般式（I.2.23）と比較すれば，
$$W = \left(\frac{V}{V_0} \right)^{\frac{E}{h\nu}} \tag{I.2.27}$$
が得られる．これは，振動数 ν でエネルギー E の単色光輻射が体積 V_0 中に存在しているとき，ある瞬間に全輻射エネルギーが部分体積 V の中に見出される確率である．そして，$h\nu$ はエネルギーの次元をもつ量であり，系のエネルギー E は $h\nu$ から構成されているようにみえる．

さらに，（I.2.24）を参照すれば，次の結論に到達できる．すなわち，ヴィーンの式が成立する範囲の単色光輻射は，熱力学的には，大きさ $h\nu$ の互いに独立なエネルギー量子からなっているかのように振る舞う．ここで，エネルギー量子の数は $n = E/h\nu$ で与えられる．

光が，このようなエネルギー量子から構成されているのかどうかについて，アインシュタインは以下の諸現象に着目した．

▶ ストークスの法則

物質はさまざまな振動数の光による刺激で光を放出する．これが光ルミネセンスである．光ルミネセンスにおけるストークスの法則は，放出される光が，刺激に用いた入射光よりも振動数が小さいことを主張する．

ここでは，入射光および放出光のいずれも，大きさ $h\nu$ のエネルギー量子か

---

[6] アヴォガドロ数を N_A とすると，定義により $n/N_A = m$，また $k = R/N_A$〔あとの（I.3.3）〕なので，この式は（I.2.15）と同一である．

らなっていると仮定される．そうすると，次のような解釈が可能であろう．すなわち，入射した振動数 ν_1 のエネルギー量子が吸収され，それだけが原因となって，振動数 ν_2 の光量子[7]が発生する．またときには，光量子の吸収によって，振動数 ν_3, ν_4 等の光量子，または他の種類のエネルギー（たとえば，熱）が同時に発生することもある．ここでエネルギー保存の法則を考慮すれば，この過程において新たにエネルギーが生まれることはないのだから，発生した光量子のエネルギーは入射光量子のエネルギーよりも大きくなることはない．すなわち，

$$h\nu_2 \leq h\nu_1 \tag{I.2.28}$$

または

$$\nu_2 \leq \nu_1 \tag{I.2.29}$$

という関係が成立しなければならない．これがストークスの法則である．

ここでアインシュタインが強調するのは，発生する光の量は入射光強度（ということは，光量子の数）に比例しなければならないということである．なぜなら，入射した光量子のそれぞれは，他の入射光量子とは独立に作用を引き起こすからである．したがって，入射光強度が一定値以下になると作用を引き起こさなくなるというような限界は，決して存在しないであろう．

なお，ストークスの法則からのズレが生じるとすれば，それは（1）発生した一つの光量子が，複数の入射光量子からエネルギーを受け取ることができる場合，（2）入射あるいは放出光が，ヴィーンの法則の成立範囲に相当するようなエネルギー的性質をもたない場合であると考えられる．

▶ 光電効果

光電効果（狭義）は，物質（金属など）に光を照射すると，その表面から電子が飛び出す現象である[8]．この飛び出す電子は光電子と呼ばれる．レナルト（P. E. A. Lenard, 1862-1947）の実験が有名で，アインシュタインは彼の1902年の論文を引用している．

---

7) ここで，「光量子」という用語が，初めて使われたのである．
8) アインシュタインは，「固体の光照射による陰極線の発生」と表現している．

レナルト

光電効果現象は次のようにまとめることができる：

- 光電子は一定の振動数（限界振動数）以上の光を照射したときにのみ発生する．それより低い振動数の光では，強度を上げ照射時間を延ばしても光電子は発生しない．この限界振動数は物質の種類により異なる．
- 照射光の強度を増すと光電子数は増加するが，光電子1個の運動エネルギーは変わらない．他方，照射光の振動数が高くなると，光電子の運動エネルギーは大きくなる．

照射光がエネルギー $h\nu$ の量子からなっていると考えれば，光電子の発生は次のように解釈できる．すなわち，エネルギー量子が固体表面に入り込み，そのエネルギーの少なくとも一部が，固体中の電子の運動エネルギーに変わる．最も単純な場合としては，一つのエネルギー量子がそのすべてのエネルギーを一つの電子に与えるというもので，ここではそのように仮定しよう．ただし，電子が光量子のエネルギーの一部だけを受け取るということもあり得ることである．

固体内部で運動エネルギーを得た電子は，表面に到達したときその運動エネルギーの一部を失っているであろう．さらに，電子が固体から飛び出していくためは，その固体に特有な仕事 P を要する（すなわち，エネルギー P を失う）と考えなければならないであろう．したがって，光電子の最大の運動エネルギー KE は，

$$KE = h\nu - P \tag{I.2.30}$$

となる．

これより，光電子が飛び出すためには（すなわち運動エネルギーが正となるためには），照射光は一定以上の振動数でなければならないことがわかる．また，照射光のエネルギー量子のひとつ一つが，他の量子とは独立にエネルギーを電子に与えるとすれば，光電子の運動エネルギーは照射光強度（光量子の

数）とは無関係である．他方，光電子の数は，他の条件が同じであれば，照射光強度だけに比例することになる．

以上に述べた法則について推定される成立限界は，先にストークスの法則からのズレについて推定したことと同様なことが言えるであろう．

▶ 紫外線による気体のイオン化

気体（ここでの対象は空気）に紫外線を照射すると，イオン化される（電荷をもつようになる）ことが知られている．ここでも，吸収された個々の光量子が，個々の気体分子のイオン化に用いられると仮定する．これにより，吸収された光量子一つのエネルギーは，一つの分子の（理論的）イオン化エネルギーに等しいか，それより大きくなければならないことが結論される．すなわち，気体 1 mol あたりのイオン化に必要な（理論的）エネルギーを J，アヴォガドロ数を N_A とすると，

$$N_A h\nu \geq J \tag{I.2.31}$$

でなければならない[9]．この不等号の左辺を見積もるためのデータは，実験家により与えられており，アインシュタインは，6.4×10^5 ジュール（レナルトのデータにもとづく）あるいは 9.6×10^5 ジュール（シュタルクのデータにもとづく）と算出し，両者はオーダーが等しいことを確認している．

アインシュタインは，さらにもう一つの結論があり，その実験的検証がきわめて重要であることを指摘する．それは吸収された光量子のそれぞれが一つの気体分子をイオン化すると仮定したとき，吸収された光量（光エネルギー）L とそれによってイオン化された気体分子の物質量（「モル数」）[10] j との間には，

$$j = \frac{L}{N_A h\nu} \tag{I.2.32}$$

の関係が成立するということである（$L/h\nu$ はイオン化された分子の数）．ここでの解釈が正しいとすれば，この関係はすべての気体について成立しなけれ

---

9) ここではすべて，内容はそのままに，現在採用されている表記を用いている．アヴォガドロ数は，気体 1 mol 中の分子の数である．
10) 物質量とは，物質を構成する要素粒子（ここでは分子）の数をアヴォガドロ数で割ったものである．

ばならない.

▶アインシュタインの見通し

　光波動論は，すでに実験的にも理論的にも確立された（はずの）ものである．これに対しアインシュタインは，光は粒子の集団のように振る舞うことを主張した．彼はこの論文の冒頭で，「物理学者が，気体や物体に関して構成している理論的概念と，いわゆる真空中における電磁過程のマクスウェル理論との間には，深い形式上の相違がある」ことを指摘している.

　物体の状態は，数は非常に多いにしても，有限の数の原子および電子の位置と速度により完全に決定されると考えられるのに対し，空間の電磁的状態を記述するためには連続的な空間関数が用いられる．そして，その状態を完全に決定するには，有限な数のパラメータでは十分でないとみなされる．マクスウェル理論によれば，光を含むすべての純粋な電磁現象の場合，エネルギーは連続的な空間関数である．他方，物体のエネルギーは，現在の物理学者たちの概念によれば，原子および電子に関する総和で表される．物体のエネルギーは，多数の微小部分に分離して存在する．他方，（光のマクスウェル理論によれば，あるいはもっと一般にいかなる波動理論によっても，）点光源からの光のエネルギーは，増大をつづける体積中に連続的に広がっている.

　連続的な空間関数を用いる光の波動理論は純粋な光学現象の記述に成功しており，これが他の理論に置き換えられることはおそらくあり得ないであろう，とアインシュタインは述べる．しかし彼は，波動理論での光についての観測は，瞬間的な値というよりも時間平均に関わる，ということに注意を向ける．したがって，回折，反射，屈折，分散，等（波動現象）への適用では理論が完全な実験的検証を受けているにしても，それを光の放出や変換（これは瞬間的である）に適用した場合，経験との間に矛盾を生じることはあり得る――これが彼の見通しだった．空洞輻射は光の放出である．光ルミネセンスは光の変換（光→光）であり，光電効果もまた光の変換（光→電子）である．アインシュタインは以上のような見解を述べたうえで，彼の光量子論を展開したのである.

3章 固体の比熱

▶ はじめに

　空洞輻射に関するプランクの量子仮説は，分子運動論では解釈が困難である[1]．すなわち，分子運動論は修正が必要のように思われる．アインシュタインは，プランクの理論が問題の核心をついているのであれば，光（電磁波）の場合に限らず，他の周期的な振動に関わる分野でも，分子運動論は修正されなければならないのではないかと考えた．アインシュタインによれば，分子運動論と経験との間には，すでにいくつかの矛盾が見出されている．そしてそれらは，量子仮説の導入によって解決されることが期待できる．彼はまずそのことを，固体の比熱の問題で示してみせた[2]．

▶ 固体の比熱の問題

　固体の比熱は，それを構成する原子の振動エネルギーに帰着できることが知られている．分子運動論によれば，1個の振動子に分配されるエネルギーは

$$U = kT \tag{I.3.1}$$

である（本ページの脚注1参照）．ここで，1 mol の固体を対象にすることとし，また原子の運動は3次元であって，三つの独立な自由度を有することを考慮すると，固体の振動エネルギーは

$$E = 3N_A U = 3N_A kT = 3N_A \frac{R}{N_A} T = 3RT \tag{I.3.2}$$

で与えられる．ここで N_A はアヴォガドロ数，そして R は気体定数である．また，気体定数とボルツマン定数は

---

[1] プランクの式とジーンズの式とを分ける決定的な点は，振動子の平均エネルギーとして分子運動論が与える $U = kT$ を採用するかどうかにある．補足における (B. 10) および (B. 28) 参照．
[2] 以下の記述は次の文献にもとづく：A. Einstein, "Die Plancksche Theorie der Strahlung und die Theorie der spezifischen Wärme", *Annalen der Physik*, **22** (1907), pp.180-190.

ドルーデ

$$k = \frac{R}{N_A} \qquad (\mathrm{I}.3.3)$$

の関係にある．

比熱 C はその定義にしたがい，(I.3.2) を用いて

$$C = \frac{\partial E}{\partial T} = 3R \qquad (\mathrm{I}.3.4)$$

と算出できる．これはデュロン–プティ（Dulong-Petit）の法則[3]であって，固体元素の比熱は，物質の種類によらず $3R$ であることを主張する．アインシュタインが論文で用いた値は $3R \approx 5.94\,\mathrm{cal/K\cdot mol}$ である[4]．

アインシュタインは，固体状態でのほとんどの単体や多くの化合物において，この法則がよい近似で成立していることを認めたうえで，二つの問題を指摘する．一つは，$3R$ よりもずっと小さな比熱の単体が存在することである．たとえば（アインシュタインが引用したデータによれば，単位 cal/K·mol を省略して），炭素 1.8，ホウ素 2.7，ケイ素 3.8 である．さらに，酸素，あるいは水素，炭素，ホウ素，ケイ素のうちの 1 種以上含むすべての固体化合物は，5.94 より小さな比熱を示す．

もう一つの問題は，振動し得る独立な粒子の数である．ドルーデ（P. K. L. Drude, 1863-1906）の分散研究によれば，化合物の赤外領域の固有振動数は原子（原子イオン）の振動に，紫外領域の固有振動数は電子の振動に原因があると結論される．すると，固体において振動可能な要素としては，原子だけでなく電子も考慮しなければならないことになる．言い換えれば，固体における運動可能な質点の数は原子数よりも多く，比熱は $3R$ よりもずっと大きくなってしまうという問題である．

---

[3] 1819年，デュロンとプティにより実験的に見出された法則．
[4] 現在は，$R = 8.31451\,\mathrm{J/K\cdot mol} = 1.986\,\mathrm{cal/K\cdot mol}$ と与えられているので，$3R \approx 5.96\,\mathrm{cal/K\cdot mol}$ である．

▶ **プランクの理論にもとづく修正**

プランクの理論によれば，振動子の平均エネルギーは

$$U = \frac{h\nu}{\exp\left(\dfrac{h\nu}{kT}\right) - 1} \tag{I.3.5}$$

で与えられる[5]．これを用いると，（I.3.2）に対応しては，

$$E = 3N_A \frac{h\nu}{\exp\left(\dfrac{h\nu}{kT}\right) - 1} \tag{I.3.6}$$

これについて，（I.3.4）に対応する計算をすると[6]，

$$C = \frac{\partial E}{\partial T} = 3N_A h\nu \frac{\partial}{\partial T}\left(\frac{1}{\exp\left(\dfrac{h\nu}{kT}\right) - 1}\right)$$

$$= 3N_A h\nu \frac{-1}{\left(\exp\left(\dfrac{h\nu}{kT}\right) - 1\right)^2} \cdot \left(-\frac{h\nu}{kT^2}\right) \cdot \exp\left(\frac{h\nu}{kT}\right) = 3N_A \frac{\dfrac{(h\nu)^2}{kT^2}\exp\left(\dfrac{h\nu}{kT}\right)}{\left(\exp\left(\dfrac{h\nu}{kT}\right) - 1\right)^2}$$

$$= 3N_A k \frac{\left(\dfrac{h\nu}{kT}\right)^2 \exp\left(\dfrac{h\nu}{kT}\right)}{\left(\exp\left(\dfrac{h\nu}{kT}\right) - 1\right)^2} = 3R \cdot \frac{\left(\dfrac{h\nu}{kT}\right)^2 \exp\left(\dfrac{h\nu}{kT}\right)}{\left(\exp\left(\dfrac{h\nu}{kT}\right) - 1\right)^2} \tag{I.3.7}$$

なお，（I.3.3）を用いた．この式は，対象としている固体に存在するすべての種類の振動子についての和をとって，

$$C = 3R \sum \frac{\left(\dfrac{h\nu}{kT}\right)^2 \exp\left(\dfrac{h\nu}{kT}\right)}{\left(\exp\left(\dfrac{h\nu}{kT}\right) - 1\right)^2} \tag{I.3.8}$$

---

[5] すでに本章の脚注1で触れたが，これは補足の（B.28）である．
[6] 「合成関数の微分法」を繰返して用いることになる．

と表現される.

(I.3.7) の右辺の $3R$ にかかる部分の関数は,$h\nu/kT \to 0$ のとき 1, $h\nu/kT \to \infty$ のとき 0 に収束するという性質をもっている(簡単には数値計算をしてみればわかる).アインシュタインは,$h\nu/kT$ の逆数を

$$x = \frac{kT}{h\nu} \tag{I.3.9}$$

とおいて,(I.3.7) の C を x についてプロットした.この場合,C は $x \to 0$ のときは 0,$x \to \infty$ のときは $3R$ に収束する.結果は図 I.3 の破線である.$x > 1.0$ のとき比熱は,分子運動論が与える $3R$ に近い値である.振動数が大きくても,それに対応して温度が高ければ[7],やはり同じことが成立する.それに対し $x < 0.1$ の場合,振動子は比熱にほとんど寄与しない.その中間の場合,(I.3.7) は最初急激な増加を示し,次いでゆっくりと増加することを示している.

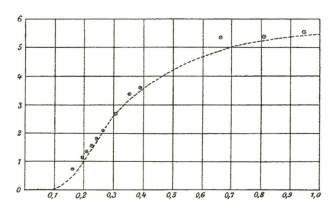

図 I.3 比熱の温度および振動数依存性
アインシュタインが作成した図の引用.縦軸は単位 cal/K での物質 1 mol の比熱,横軸は $x = kT/h\nu$ である.図中の丸印は,各温度におけるダイヤモンドの比熱のデータをもとにアインシュタインがプロットしたもの.

---

7) 原論文ではこれとは逆の表現がなされている.原著者の勘違いであろう.

このことから，先に問題として指摘した電子の振動は，比熱に対して考慮する必要のないことがわかる．なぜなら，不等式 $x < 0.1$ は，(I.3.9) によれば，温度 300 K に対しておよそ $\nu > 6.25 \times 10^{13}$/s，波長に換算すると $\lambda < 4800$ nm（$= 4.8$ μm）に相当する[8]．電子の固有振動数は紫外領域（波長およそ 1〜400 nm）なので，優にその範囲に含まれる．他方，$x > 1.0$ は，温度 300 K に対しておよそ $\lambda > 48000$ nm（$= 48$ μm）に相当し，それが約 $3R$ の寄与となるのである．

　すでに述べたように，常温でも $C = 3R$ の関係から著しくずれることがあり得るが，それは問題の物質の固有振動数が $\lambda > 48000$ nm の条件を満たさぬ場合である．また，十分に低い温度になれば，あらゆる固体の比熱は減少するであろう．逆に，温度が十分に高ければ，デュロン–プティの法則が成立しなければならない．

　アインシュタインはこの理論をダイヤモンドに応用した．彼はハンドブック（"Landolt-Börnstein"）から引用した比熱の温度依存性データに依拠した．このデータは，222 K から 1258 K までの12点の温度[9]において，ダイヤモンドの比熱を測定したものである．彼はまず，331 K での比熱の測定値 1.838 cal/K から，ダイヤモンドの固有振動数 λ を算出した．すなわち，(I.3.7) を用いておよその逆算をすると，$C = 1.838$ cal/K のとき，$x = kT/h\nu = 0.2500$ である（図 I.3 も参照）．ここで x は，$\nu = c/\lambda$ の関係を用いて，

$$x = \frac{\lambda k T}{hc} \tag{I.3.10}$$

と書き直せるので[10]，これより，（とりあえず現在用いられている数字を使って）

$$\lambda = \frac{hcx}{kT} = \frac{(6.63 \times 10^{-34}) \cdot (3 \times 10^8) \cdot 0.2500}{(1.381 \times 10^{-23}) \cdot 331} \approx 10.9 \times 10^{-6} \text{ m} \tag{I.3.11}$$

---

[8] ここでの計算には，あとの (I.3.11) に示した数値を用いた．なお，$\nu = c/\lambda$（c：光速度）である．

[9] 現在の国際単位系（SI）では，絶対温度の単位は K（ケルビン）であり，「度」（°）は付けない．

[10] 原論文では，$x = (kTc/h\lambda)$ に対応する表現となっている．誤植である．

と算出される．アインシュタインは，$\lambda = 11 \times 10^{-6}$ m と設定した．

　λ が決まれば，あとは各温度 T における x の値が算出できる〔(I.3.10)〕．この x のそれぞれに対し，その温度において測定された比熱の値をプロットしたのが，図 I.3 の小さな丸印である．それらの点は，ほぼ曲線上に存在することがわかる．

▶ **追記**

　図にも若干現れているが，アインシュタインの理論値は，低温における落ちかたが実測値に比較して急である．これは固体を，同じ振動数をもつ独立な振動子の集まりと考えたためである．この点については，のちに他の人たちによって改良された．

4章 輻射エネルギーの揺らぎ

▶ **はじめに**

　アインシュタインは，光量子論において，光は粒子の集団であるかのように振る舞うことを主張した．この，光における波動性と粒子性の矛盾について，彼はその後どのように対処したのであろうか．彼は，その矛盾の顕在化に努力を傾注したのである．彼が着目したポイントの一つは，輻射エネルギーの揺らぎであった．

▶ **揺らぎ**

　一般に，系の状態は，その平均値によって表現される．しかし，バラツキが大きい場合には，平均値だけでは不十分である．そのときに用いられるのが揺らぎである．揺らぎは平均値からのズレと定義され，たとえばある量 E の揺らぎ ε は，

$$\varepsilon = E - \langle E \rangle \tag{I.4.1}$$

で定義される．ここで $\langle\ \rangle$ は変動する量に作用し，その平均値を表す．

　ところで，上に定義された ε の平均値を求めると，それは恒等的に 0 になる．すなわち，

$$\langle \varepsilon \rangle = \langle E \rangle - \langle E \rangle = 0 \tag{I.4.2}$$

そこで，揺らぎの平均的な値を知るため，

$$\varepsilon^2 = (E - \langle E \rangle)^2 \tag{I.4.3}$$

という量に着目する．すると，

$$\begin{aligned}\langle \varepsilon^2 \rangle &= \langle (E - \langle E \rangle)^2 \rangle = \langle E^2 - 2E \cdot \langle E \rangle + \langle E \rangle^2 \rangle \\ &= \langle E^2 \rangle - 2\langle E \rangle \cdot \langle E \rangle + \langle E \rangle^2 = \langle E^2 \rangle - \langle E \rangle^2\end{aligned} \tag{I.4.4}$$

を得る．

　揺らぎはランダムに生じる．しかし，$\langle \varepsilon^2 \rangle$ は，系の統計的性質にもとづき，一定の値として算出できる．それは，ランダムな系の平均値が，一定の値として算出できることと同じである．この $\langle \varepsilon^2 \rangle$ は揺らぎの大きさの目安を表すが，

以下ではこれも単に揺らぎ（あるいは揺らぎの2乗）と呼ばれる．揺らぎといっても，実際に測定されるのは ε ではなく，$\langle \varepsilon^2 \rangle$ である．

ここでは，揺らぎを平均値からのズレとして説明したが，同じ考えは平衡状態からのズレにも適用できる．これから本書に登場するのはこちらである．

▶ 結合された二つの系

一つの閉じた空洞があり，それはそれぞれ体積 V_1 および V_2 の二つの領域からなるものとする．ただし，$V_1 \gg V_2$ であるとしておく．また，この二つの領域は結合されていて，エネルギーの交換ができる．ここで，ある瞬間における二つの領域の輻射エネルギーをそれぞれ E_1 および E_2 とすると，ある時間ののちには，一定のバラツキの範囲内において，$E_1^0 : E_2^0 = V_1 : V_2$ の関係が成立するであろう．これが平衡状態である[1]．

この二つの領域のエントロピーを，それぞれ S_1 および S_2 とする．そして，エントロピーはエネルギーの関数であることに留意し，それらを平衡状態を中心としたテイラー級数に展開してみる．

▶ テイラー級数

テイラー級数は一般に

$$f(x) = \sum_{n=0}^{\infty} \frac{f^{(n)}(a)}{n!}(x-a)^n \tag{I.4.5}$$

で与えられる．これは a を中心とした展開といわれる．また $f^{(n)}(x)$ は x による n 階微分であり，$f^{(n)}(a)$ はその $x=a$ での値である．

（I.4.5）の最初の3項までを具体的に書くと，

$$f(x) = f(a) + \left(\frac{\partial f(x)}{\partial x}\right)_{x=a}(x-a) + \frac{1}{2}\left(\frac{\partial^2 f(x)}{\partial x^2}\right)_{x=a}(x-a)^2 \tag{I.4.6}$$

となる．級数を最初の数項で打ち切ることが多いのは，通常 $(x-a)$ が微小量となるように選ばれるからである．高次の微小量は無視できる．

---

[1] 以下の記述は次の文献にもとづく：A. Einstein, "Zum gegenwärtigen Stand des Strahlungsproblems", *Physikalische Zeitschrift*, **10** (1909), pp.185-193.

この公式を用いて，エントロピー S_1 を平衡状態を中心に展開すると，

$$S_1 = S_1{}^0 + \left(\frac{\partial S_1}{\partial E_1}\right)_0 (E_1 - E_1{}^0) + \frac{1}{2}\left(\frac{\partial^2 S_1}{\partial E_1{}^2}\right)_0 (E_1 - E_1{}^0)^2 \tag{I.4.7}$$

ここで，添字の 0 は平衡状態での値であることを表す．さらに，

$$\varepsilon_1 = E_1 - E_1{}^0 \tag{I.4.8}$$

と定義すると，これは体積 V_1 の領域でのエネルギーの揺らぎである．これを用いて（I.4.7）は，

$$S_1 = S_1{}^0 + \left(\frac{\partial S_1}{\partial E_1}\right)_0 \varepsilon_1 + \frac{1}{2}\left(\frac{\partial^2 S_1}{\partial E_1{}^2}\right)_0 \varepsilon_1{}^2 \tag{I.4.9}$$

と書ける．同様にして，エントロピー S_2 を平衡状態を中心に展開すると，

$$S_2 = S_2{}^0 + \left(\frac{\partial S_2}{\partial E_2}\right)_0 \varepsilon_2 + \frac{1}{2}\left(\frac{\partial^2 S_2}{\partial E_2{}^2}\right)_0 \varepsilon_2{}^2 \tag{I.4.10}$$

ただし，

$$\varepsilon_2 = E_2 - E_2{}^0 \tag{I.4.11}$$

である．ε_1 および ε_2 は揺らぎであり，微小量とみなすことができる．

▶ 輻射のエントロピー

（I.4.9）および（I.4.10）より，二つの領域を合わせた全体のエントロピーは

$$S_1 + S_2 = S_1{}^0 + S_2{}^0 + \left(\frac{\partial S_1}{\partial E_1}\right)_0 \varepsilon_1 + \left(\frac{\partial S_2}{\partial E_2}\right)_0 \varepsilon_2 + \frac{1}{2}\left(\frac{\partial^2 S_1}{\partial E_1{}^2}\right)_0 \varepsilon_1{}^2 + \frac{1}{2}\left(\frac{\partial^2 S_2}{\partial E_2{}^2}\right)_0 \varepsilon_2{}^2 \tag{I.4.12}$$

ここで，全体系のエントロピーの平衡状態からの揺らぎを

$$\Delta S = (S_1 + S_2) - (S_1{}^0 + S_2{}^0) \tag{I.4.13}$$

で定義すると，

$$\Delta S = \left(\frac{\partial S_1}{\partial E_1}\right)_0 \varepsilon_1 + \left(\frac{\partial S_2}{\partial E_2}\right)_0 \varepsilon_2 + \frac{1}{2}\left(\frac{\partial^2 S_1}{\partial E_1{}^2}\right)_0 \varepsilon_1{}^2 + \frac{1}{2}\left(\frac{\partial^2 S_2}{\partial E_2{}^2}\right)_0 \varepsilon_2{}^2 \tag{I.4.14}$$

を得る．

すでに出現したエントロピーとエネルギーとの関係（I.2.1）より〔二つの領域の温度は共通なので〕

$$\left(\frac{\partial S_1}{\partial E_1}\right)_0 = \left(\frac{\partial S_2}{\partial E_2}\right)_0 = \frac{1}{T} \qquad (\text{I}.4.15)$$

また，全体系のエネルギーは一定なので，

$$\varepsilon_1 = -\varepsilon_2 \qquad (\text{I}.4.16)$$

すなわち，一方の増加は他方の減少でなければならない．したがって，（I.4.14）の右辺における最初の二つの項は相殺する．

さらに，（I.4.15）を参照すると，

$$\left(\frac{\partial^2 S_1}{\partial E_1^2}\right)_0 = \left(\frac{\partial}{\partial E_1}\frac{\partial S_1}{\partial E_1}\right)_0 = \left(\frac{\partial}{\partial E_1}\frac{1}{T}\right)_0$$
$$= \left(\frac{\partial T}{\partial E_1}\frac{\partial}{\partial T}\frac{1}{T}\right)_0 = -\frac{1}{T^2}\left(\frac{\partial T}{\partial E_1}\right)_0 = -\frac{1}{T^2}\left(\frac{\partial E_1}{\partial T}\right)_0^{-1} \qquad (\text{I}.4.17)$$

同様にして，

$$\left(\frac{\partial^2 S_2}{\partial E_2^2}\right)_0 = -\frac{1}{T^2}\left(\frac{\partial E_2}{\partial T}\right)_0^{-1} \qquad (\text{I}.4.18)$$

ところで，いまの前提としては $V_1 \gg V_2$ なので，$E_1 \gg E_2$，さらには $(\partial E_1/\partial T)_0 \gg (\partial E_2/\partial T)_0$．したがって，（I.4.17）の右辺は（I.4.18）の右辺に比較して無視できる（右辺は逆数であることに注意）．

以上の議論により，（I.4.14）は結局右辺の最後の項だけが残り，（I.4.18）により

$$\varDelta S = -\frac{\varepsilon^2}{2T^2}\left(\frac{\partial E}{\partial T}\right)_0^{-1} \qquad (\text{I}.4.19)$$

とまとめられる．なお，エントロピーの揺らぎ $\varDelta S$ に寄与するエネルギーは領域2のものだけなので，以下は領域2に着目することとして，領域に関する添字は省略した．

▶ ボルツマン原理

揺らぎが値 ε をもつ確率 $W(\varepsilon)$ を考えることができる．それは $\varepsilon = 0$ のとき最大で，ε の絶対値が大きくなるにつれ減少していくであろう．ここでボルツマン原理（I.2.23）を参照すれば，

$$\varDelta S = k \log W(\varepsilon) + \text{const} \qquad (\text{I}.4.20)$$

とおくことができる（constは基準値により定まる）．これを書き直すと，

$$\log W(\varepsilon) = \frac{\Delta S - \mathrm{const}}{k} \tag{I.4.21}$$

すなわち，

$$W(\varepsilon) = \exp\left(\frac{\Delta S - \mathrm{const}}{k}\right) = \exp\left(\frac{\Delta S}{k}\right)\cdot\exp\left(-\frac{\mathrm{const}}{k}\right) = \alpha\cdot\exp\left(\frac{\Delta S}{k}\right) \tag{I.4.22}$$

ここで α は定数であり，また指数の中の ΔS は（I.4.19）で与えられる量である．

▶ 輻射エネルギーの揺らぎ

エネルギーの揺らぎ $\langle\varepsilon^2\rangle$ は

$$\langle\varepsilon^2\rangle = \int_{-\infty}^{\infty}\varepsilon^2 W(\varepsilon)d\varepsilon \tag{I.4.23}$$

で与えられる．積分範囲については，ε は $E-E^0$ で定義されかつ $E\geq 0$ なので，下限は $-E^0$ であるが，その絶対値は ε としてはきわめて大きく，したがってそこでの $W(\varepsilon)$ は事実上 0 と考えられるので，それを $-\infty$ に置き換えた．この式に（I.4.22）〔および（I.4.19）〕を代入して積分の計算をおこなうのであるが，（I.4.19）において

$$\beta \equiv \frac{1}{2T^2}\left(\frac{\partial E}{\partial T}\right)_0^{-1} \tag{I.4.24}$$

と定義すると，（I.4.22）は

$$W(\varepsilon) = \alpha\cdot\exp\left(-\frac{\beta}{k}\varepsilon^2\right) \tag{I.4.25}$$

であり，（I.4.23）は

$$\langle\varepsilon^2\rangle = \alpha\int_{-\infty}^{\infty}\varepsilon^2\exp\left(-\frac{\beta}{k}\varepsilon^2\right)d\varepsilon \tag{I.4.26}$$

となる．

ここで α は，（I.4.25）において

$$\int_{-\infty}^{\infty} W(\varepsilon)d\varepsilon = \alpha \int_{-\infty}^{\infty} \exp\left(-\frac{\beta}{k}\varepsilon^2\right)d\varepsilon = 1 \quad (\text{I}.4.27)$$

となるような定数，すなわち，

$$\alpha = \left(\int_{-\infty}^{\infty} \exp\left(-\frac{\beta}{k}\varepsilon^2\right)d\varepsilon\right)^{-1} \quad (\text{I}.4.28)$$

である．したがって，求める揺らぎは，（I.4.26）より，

$$\langle \varepsilon^2 \rangle = \frac{\displaystyle\int_{-\infty}^{\infty} \varepsilon^2 \exp\left(-\frac{\beta}{k}\varepsilon^2\right)d\varepsilon}{\displaystyle\int_{-\infty}^{\infty} \exp\left(-\frac{\beta}{k}\varepsilon^2\right)d\varepsilon} \quad (\text{I}.4.29)$$

と書ける．

　（I.4.29）の計算結果[2]は，

$$\langle \varepsilon^2 \rangle = \frac{k}{2\beta} \quad (\text{I}.4.30)$$

（I.4.24）により β をもとに戻して，

$$\langle \varepsilon^2 \rangle = kT^2 \frac{\partial E}{\partial T} \quad (\text{I}.4.31)$$

を得る．なお以下では，エネルギーはすべて平衡状態の値を扱うこととし，添字 0 は省略する．

　ここで，あとにおける微分作業を容易にするため，（I.4.31）を変形しておく．すなわち，一般的関係

$$\frac{\partial}{\partial T}\left(\frac{1}{E}\right) = -\frac{1}{E^2}\frac{\partial E}{\partial T} \quad (\text{I}.4.32)$$

を利用して，（I.4.31）を

$$\frac{\langle \varepsilon^2 \rangle}{E^2} = -kT^2 \frac{\partial}{\partial T}\left(\frac{1}{E}\right) \quad (\text{I}.4.33)$$

としておく．

---

[2] この計算については，補足「E エネルギーの揺らぎに関わる積分の計算」参照．

▶ **プランクの式における揺らぎ**

　輻射のエネルギーは1章の（I.1.2）に与えられており，プランクの輻射式（I.1.6）と組合せると，

$$E = V \cdot \rho d\nu = V \cdot \frac{8\pi h \nu^3}{c^3} \frac{1}{\exp\left(\frac{h\nu}{kT}\right) - 1} d\nu \qquad (\text{I}.4.34)$$

これを（I.4.33）に代入して，

$$\begin{aligned}
\frac{\langle \varepsilon^2 \rangle}{E^2} &= -kT^2 \frac{\partial}{\partial T}\left(\frac{c^3}{V \cdot 8\pi h\nu^3} \cdot \frac{\exp\left(\frac{h\nu}{kT}\right) - 1}{d\nu}\right) \\
&= -kT^2 \left(\frac{c^3}{V \cdot 8\pi h\nu^3 d\nu} \cdot \left(-\frac{h\nu}{kT^2}\right) \cdot \exp\left(\frac{h\nu}{kT}\right)\right) \\
&= \frac{c^3}{V \cdot 8\pi \nu^2 d\nu} \cdot \exp\left(\frac{h\nu}{kT}\right) \qquad (\text{I}.4.35)
\end{aligned}$$

ここで，左辺はそのままに右辺を変形すると，

$$\frac{\langle \varepsilon^2 \rangle}{E^2} = \frac{c^3}{V \cdot 8\pi \nu^2 d\nu} \cdot \left(\exp\left(\frac{h\nu}{kT}\right) - 1\right) + \frac{c^3}{V \cdot 8\pi \nu^2 d\nu} \qquad (\text{I}.4.36)$$

この右辺第1項に（I.4.34）を代入して，

$$\frac{\langle \varepsilon^2 \rangle}{E^2} = \frac{h\nu}{E} + \frac{c^3}{V \cdot 8\pi \nu^2 d\nu} \qquad (\text{I}.4.37)$$

あるいは

$$\langle \varepsilon^2 \rangle = h\nu E + \frac{c^3}{8\pi \nu^2 d\nu} \cdot \frac{E^2}{V} \qquad (\text{I}.4.38)$$

を得る．

▶揺らぎの二つの項

　輻射エネルギーの揺らぎは二つの項からなる．この二つは異なる性質をもっている．まずその形式の違いに着目してみよう．（I.4.37）の左辺は「相対揺らぎ（の2乗）」と呼ばれる量である[3]．その右辺第1項は，エネルギー E が大きいほど小さく，また系の体積 V には無関係である．他方，第2項は E には依存せず，V に反比例する．

　（I.4.38）〔および（I.4.37）〕の右辺第1項および第2項は，（I.4.34）の E における ρ として，それぞれヴィーンの式〔（I.1.1）〕およびジーンズの式〔（I.1.3）〕を用いれば（上と同様の手続きによって）それぞれが導出できる．すなわち，右辺第1項はヴィーン的揺らぎ（ν/T 大），第2項はジーンズ的揺らぎ（ν/T 小）である．

　2章での考察から明らかなように，第1項は輻射がエネルギー $h\nu$ の互いに独立に運動する点量子からなることに対応する．他方，アインシュタインによれば，第2項は正統的な理論が与える揺らぎである．それは，体積 V 中での輻射を構成する無限に多数の電磁波が，互いに干渉した結果である．干渉によって，あるときにはエネルギーが高まり，またあるときには低下するのである[4]．

　アインシュタインはこのように，成功したプランクの式は，光の粒子像を意味する項と波動像を意味する項との和からなることを示した．すなわち，既存の理論が深刻な矛盾を含むことを明らかにしたのである．

---

[3] それに対し $\langle \varepsilon^2 \rangle$ は「絶対揺らぎ（の2乗）」と呼ばれる．
[4] （I.4.37）の右辺第2項は，マクスウェル方程式を前提としたとき，体積 V 中に存在する振動数 $\nu \sim \nu+d\nu$ の範囲の振動子の数〔$V \cdot n(\nu)d\nu$〕の逆数と一致する（補足「B プランクの輻射式」における「振動子の数」の項参照）．他方，（I.4.37）の右辺第1項は，エネルギー E の中に存在するエネルギー量子の数の逆数である．

5章 量子論による輻射の放出および吸収

▶ はじめに

　プランクが量子論を創出し，彼の輻射公式を提案して16年が経過したところで，アインシュタインはプランクの議論の進め方をあらためて振り返る[1]．プランクの推論は類例のない大胆なものであったが，輝かしい確証が得られている．輻射公式そのもの，および算出された量子（$h\nu$）の値だけでなく，振動子の平均エネルギー（U）の計算値もまた，その後の比熱の研究によって正しいことがわかった[2]．

　ところで，プランクが用いた振動子の平均エネルギーと輻射密度（ρ）との関係

$$\rho(\nu, T) = 8\pi \frac{\nu^2}{c^3} U \qquad (\mathrm{I}.5.1)$$

は，電磁気学（マクスウェル方程式）にもとづいて導出されたものである[3]．しかし，この電磁気学的考察は，量子論の基本概念とは両立しない．したがって，プランク自身やこの問題に関わるすべての理論家たちが，この矛盾を除去するために理論を修正しようと絶えず務めているのはとくに驚くべきことではない．

　スペクトルに関するボーア（N. H. D. Bohr, 1885-1962）の理論が大きな成功をおさめて以来，量子論の基本概念が保持されるべきことには疑いがもたれていない．したがって，プランクを（I.5.1）に導いた電磁気学的考察を，物質と輻射の相互作用についての量子論的考察で置き換えることにより，理論の一

---

[1] 以下の記述は次の文献にもとづく：A. Einstein, "Strahlungs-Emission und -Absorption nach der Quantentheorie", *Verhandlungen der Deutschen Physikalischen Gesellschaft*, 18 (1916), pp. 318-323.
[2] 3章参照．そこでの（I.3.5）がプランクの与えた振動子の平均エネルギーの式である．
[3] 補足「B プランクの輻射式」における「振動子の数」の項，およびそのあとの（B.9）参照．この式に，分子運動論の与える関係 $U = kT$〔（I.3.1）〕を適用したのがジーンズの式〔（I.1.3）〕である．

ボーア

貫性を確立しなければならないと考えられる．

▶ 古典論的考え方による筋道

まずは，プランクが用いた振動子という古典論的モデルにもとづいて考察してみる．ある瞬間に振動子がもつエネルギーを E とする．そこで，時間 τ が経過したのちのエネルギーを算出する．時間 τ は，振動子の振動周期に比較すると大きいが，τ の間での E の変化率が無限小とみなされる[4]程度には小さいものとする．

二種類の変化が区別されるであろう．一つは振動子からのエネルギーの放出により生じた変化，

$$\Delta_1 E = -AE\tau \tag{I.5.2}$$

である．第二の変化は，輻射が振動子になす作用により生じる．こちらの変化は輻射密度とともに増加し，その値と符号は「偶然」に左右される．そして，平均としては，

$$\langle \Delta_2 E \rangle = B\rho\tau \tag{I.5.3}$$

で与えられる．ただし $\langle\ \rangle$ は平均を表す．ここで，$\Delta_1 E$ を「輻射放出」によるエネルギー変化，$\Delta_2 E$ を「輻射吸収」によるエネルギー変化と呼ぶことにする[5]．

多数の振動子に関する E の平均値は時間に依存しないと考えられるので，

$$\langle E+\Delta_1 E+\Delta_2 E \rangle = \langle E \rangle \tag{I.5.4}$$

すなわち，

$$\langle E \rangle + \langle \Delta_1 E \rangle + \langle \Delta_2 E \rangle = \langle E \rangle \tag{I.5.5}$$

ここで（I.5.2）および（I.5.3）を用いて，

$$-A\langle E \rangle \tau + B\rho\tau = 0 \tag{I.5.6}$$

---

[4] τ の間 E は一定とみなされるということである．

[5] 「輻射吸収」と呼ばれているが，符号は偶然に左右されるということなので，これは振動子が電磁場（輻射）からのエネルギーを吸収する過程とともに，電磁場からの刺激でエネルギーを放出する過程も含んでいる．後者は現在「誘導放出」と呼ばれている重要な概念である．これはアインシュタインによってこの論文で初めて導入されたものである．

または

$$\rho = \frac{A}{B}\langle E \rangle \tag{I.5.7}$$

を得る．振動子の平均エネルギーは U と定義されているので，これは（I.5.1）の関係である[6]．

以上の筋道を確認した上で，それに対応した考察を，今度は量子論を基礎として，おこなってみる．

▶ 量子論と輻射

輻射と相互作用をしている実体を「分子」と呼ぶことにして，熱輻射と統計的平衡にある同種分子から成る気体を考える．すべての分子は，エネルギーの値として $\varepsilon_1, \varepsilon_2, \cdots$ が許される離散的な状態の系列 $Z_1, Z_2, \cdots$ だけにあるものとする．そうすると，状態 Z_n の確率，すなわち状態 Z_n にある分子の相対的な数は，マクスウェル-ボルツマン分布[7]により

$$W_n = p_n \exp\left(-\frac{\varepsilon_n}{kT}\right) \tag{I.5.8}$$

で与えられる．ただし，p_n は統計的重率，すなわち分子の量子状態に固有の，温度に依存しない定数である．

ここで，分子は振動数 $\nu = \nu_{nm}$ の輻射を吸収して状態 Z_n から Z_m に遷移することができ，また同じ輻射を放出して状態 Z_m から Z_n に遷移できると仮定する．これに関与する輻射のエネルギーは $\varepsilon_m - \varepsilon_n$ である．このことは添字 m と n のあらゆる組合せについて成立するが，ここでは，問題の性質からして，特定の (n, m) をもつ過程のみを考察すればよい．

熱平衡の状態では，単位時間あたりに輻射を吸収して状態 Z_n から Z_m に遷移する分子の数と，輻射を放出して状態 Z_m から Z_n に遷移する分子の数は等しい．これらの遷移について先の考察に沿った仮定をおき，再び二種類の遷移

---

[6] ここで A/B は正であり，また（I.5.2）より A も正なので，B も正となる．すなわち，（I.5.3）において，平均的には吸収が放出を上回るということである．
[7] マクスウェル分布〔マクスウェルの速度分布則，補足（A.4）〕をボルツマンが一般化したもの．

を考察する．

▶ 輻射放出

輻射放出では，分子は輻射エネルギー $\varepsilon_m - \varepsilon_n$ を放出して状態 Z_m から Z_n に遷移する．この遷移は外部からの作用がなくても生じるものとする[8]．この遷移の様式については，放射性反応と類似のもの以外は考えることができないであろう．そこで，単位時間あたりの遷移の数は

$$A_m^n N_m \tag{I.5.9}$$

に等しいと仮定できる．ただし，A_m^n は状態 Z_m と Z_n の組合せに固有な定数，N_m は状態 Z_m にある分子の数である．

▶ 輻射吸収

輻射吸収は分子の周囲の輻射によって決定され，輻射密度 ρ に比例すると考えられる．先のモデルによれば，輻射の作用は振動子のエネルギーの増加とともに，エネルギーの減少をも引き起こし得る[9]．それに対応して，いま考察している分子の集団では，遷移 $Z_n \to Z_m$ とともに，遷移 $Z_m \to Z_n$ も生じ得ると考える．したがって，単位時間あたりの遷移 $Z_n \to Z_m$ の数は

$$B_n^m N_n \rho \tag{I.5.10}$$

逆の遷移 $Z_m \to Z_n$ の数は

$$B_m^n N_m \rho \tag{I.5.11}$$

によって表されるであろう．

▶ 平衡条件

そこで，遷移 $Z_n \to Z_m$ と $Z_m \to Z_n$ の統計的平衡の条件として

$$A_m^n N_m + B_m^n N_m \rho = B_n^m N_n \rho \tag{I.5.12}$$

---

[8] これは現在，「自然放出」と呼ばれている過程である．次の式（I.5.9）に現れる係数は現在，「アインシュタインの A 係数」として知られている．
[9] 先の脚注でも触れたが，これは現在「誘導吸収」および「誘導放出」と呼ばれている過程である．なお，（I.5.10）および（I.5.11）に現れる係数は現在，「アインシュタインの B 係数」として知られている．

が必要となる．他方，（I.5.8）は，

$$\frac{N_n}{N_m} = \frac{p_n}{p_m} \exp\left(\frac{\varepsilon_m - \varepsilon_n}{kT}\right) \tag{I.5.13}$$

を与えるので，（I.5.12）の両辺を N_m で割って（I.5.13）を代入し，若干の整理をすると

$$A_m^n p_m = \rho\left[B_n^m p_n \exp\left(\frac{\varepsilon_m - \varepsilon_n}{kT}\right) - B_m^n p_m\right] \tag{I.5.14}$$

が導かれる．式中の ρ は $\rho(\nu, T)$ と表現されるものであり〔（I.5.1）〕，遷移 $Z_n \to Z_m$ および $Z_m \to Z_n$ において吸収および放出される振動数 ν をもつ輻射の密度である．

▶ プランクの輻射公式

（I.5.14）は振動数 ν における温度 T と ρ の関係を与える．$T \to \infty$ としたとき，（I.5.14）は，指数関数の部分が 1 に収束するので，

$$A_m^n p_m = \rho(B_n^m p_n - B_m^n p_m) \tag{I.5.15}$$

となる．そして，$T \to \infty$ のときは同時に $\rho \to \infty$ と考えられるので，左辺が有限であるためには[10]

$$B_n^m p_n = B_m^n p_m \tag{I.5.16}$$

が必要である．

（I.5.14）を ρ について解くと，

$$\rho = \frac{A_m^n p_m}{B_n^m p_n \exp\left(\frac{\varepsilon_m - \varepsilon_n}{kT}\right) - B_m^n p_m} \tag{I.5.17}$$

この分母に対し，（I.5.16）の関係により p_n を含む項を消去すると，

$$\rho = \frac{A_m^n p_m}{B_m^n p_m \exp\left(\frac{\varepsilon_m - \varepsilon_n}{kT}\right) - B_m^n p_m} \tag{I.5.18}$$

---

10) 左辺の A_m^n は状態 Z_m と Z_n の組合せに固有な定数．また p_m は統計的重率であって，分子の量子状態に固有の定数である．（I.5.9）および（I.5.8）に関わる説明参照．

ここで定数

$$\frac{A_m^n}{B_m^n} = \alpha_{mn} \tag{I.5.19}$$

を導入すると，

$$\rho = \frac{\alpha_{mn}}{\exp\left(\frac{\varepsilon_m - \varepsilon_n}{kT}\right) - 1} \tag{I.5.20}$$

を得る．

　未定の定数は含まれるが，これはプランクの輻射式である[11]．アインシュタインは，「もしわれわれが量子仮説と両立する電磁気学および力学を有していれば，定数 A_m^n と B_m^n は直ちに算出できるであろう」と述べる．

▶ ボーアの振動数条件

　ρ は T と ν の普遍的な関数でなければならないことから，α_{mn} と $\varepsilon_m - \varepsilon_n$ は分子の特殊な性質には関係がなく，振動数 ν にのみ依存することが導かれる．さらにヴィーンの変位則[12]

$$\rho(\nu, T) = \nu^3 f\left(\frac{\nu}{T}\right) \tag{I.5.21}$$

との対応から，α_{mn} は ν の3乗に，また $\varepsilon_m - \varepsilon_n$ は ν の1乗に比例しなければならないことがわかる．したがって，

$$\varepsilon_m - \varepsilon_n = h\nu \tag{I.5.22}$$

を得る．ここで h は一つの定数である．そして，この（I.5.22）は，ボーアの振動数条件[13]と一致する．

---

11) 1章の（I.1.6）に対応する．
12) 補足の（A.1）．これはヴィーンが理論的に導出したもので，厳密に成立していることが知られている．
13) アインシュタインは「ボーアの第二基本仮定」と呼んでいる．これはボーアの1913年の論文によるものである．そこでの「第一基本仮定」は，「定常状態における系の力学的平衡は通常の力学を援用して論じ得るが，系の異なる状態間の遷移は，通常の力学の基礎の上では取り扱うことができない」というものである．

▶ 誘導放出の意味

アインシュタインがこの論文で直接に言及しているわけではないが，彼が初めて導入した「誘導放出」の意味について触れておく．誘導放出と対になる誘導吸収は理解しやすい．すなわち，電磁場（輻射）の中の分子が，そこからエネルギーを吸収するという過程である．他方，誘導放出は，電磁場中の分子がその影響によってエネルギーを放出するという過程である．

誘導放出の寄与は（I.5.11）に与えられている．この寄与を理解するには，B_m^n を 0 としてみればよい．このとき（I.5.14）を ρ について解くと，

$$\rho = \frac{A_m^n p_m}{B_n^m p_n \exp\left(\dfrac{\varepsilon_m - \varepsilon_n}{kT}\right)} \tag{I.5.23}$$

ここで定数

$$\frac{A_m^n p_m}{B_n^m p_n} = \beta_{mn} \tag{I.5.24}$$

を導入すると，

$$\rho = \frac{\beta_{mn}}{\exp\left(\dfrac{\varepsilon_m - \varepsilon_n}{kT}\right)} \tag{I.5.25}$$

あるいは

$$\rho = \beta_{mn} \exp\left(-\frac{\varepsilon_m - \varepsilon_n}{kT}\right) \tag{I.5.26}$$

を得る．これはヴィーンの輻射式に対応する[14]．このように，プランクの輻射式に到達するためには，誘導放出の過程が必要であったのである．

▶ まとめ

まとめとしてアインシュタインは次の趣旨を述べる．すなわち，輻射の放出および吸収に関するここでの仮説は，プランクの公式を導くからといって，確

[14) 1章の（I.1.1）参照．

ラザフォード

立された結論になったわけではない．しかし，この仮説は単純であり，かつ一般性を有しており，さらにプランクの振動子とも自然な対応がつくという意味で，今後の理論的活動において活用される可能性が高いと考えられる．輻射放出に関して仮定した統計法則[15]が，放射性崩壊のラザフォード（E. Rutherford, 1871-1937）の法則そのものであること，またボーアの振動数条件と同一の式が導出できたことも，ここでの理論に対する支持を与えている．

▶ **追記**

本章でのアインシュタインの理論も後世に広範かつ多大な影響を与えたが，それに関連しては，現在日常でも用いられている「レーザー」について触れておく．LASER，すなわち Light Amplification（光増幅）by Stimulated Emission of Radiation における Stimulated Emission とは，「誘導放出」のことである．

誘導放出は，分子の周囲に存在する輻射＝電磁波の刺激によって，分子が電磁波を放出するという現象であるが，ここで電磁波とは光子の集まりのことである．細かくみれば，1個の光子の刺激によって1個の分子が1個の光子を放出するのであるが，ここで重要なのは，放出される光子は，刺激した光子と同一の位相をもつということである．同一位相の光は互いに強め合う．

熱平衡の状態では，高いエネルギー準位の分子の数は常に，低い準位の分子の数よりも少ない．したがって，アインシュタインの「輻射吸収」においては，誘導放出は誘導吸収よりも小さく，全体としては吸収が上回る．これはすでに脚注で述べたように，（I.5.3）の B 係数が正である理由である．

ところで，もし何らかの方法でこの逆の状態がつくり出されたとしたら，誘導放出が誘導吸収を上回ることになる．これは熱平衡ではあり得ない状態であり，反転分布といわれる．反転分布は負の温度に相当するから，熱力学的に不

---

15)（I.5.9）のことである．

可能と信じられてきた．しかし，1950年代を通じて，技術的に可能となった．レーザーはこの反転分布において作動する．

　1個の分子が高いエネルギー準位から低いエネルギー準位に遷移して光子を1個放出したとしよう．この光子が他の分子を刺激して誘導放出が生じると，この分子はこの光子と同一位相の光子を放出する．この光子はさらに別の分子を刺激して誘導放出を起こし，同一位相の光子を発生させる．このようにして，同一位相の光子が大量につくり出され（すなわち光子の増幅がおこなわれ），全体として非常に明るい光を生じる．これがレーザー光である．

　なお，高いエネルギー準位は一定の寿命をもっており，自然放出によって低い準位に遷移するが，光子によって刺激されると，自然放出が起こる前に，誘導放出によって低い準位に遷移するのである．自然放出で生じる光子の位相はバラバラであり，誘導放出の場合のように強め合うことはない．

6章 EPRパラドックス

▶ はじめに

　ここでは，アインシュタインが，ポドルスキー（B. Podolsky, 1896-1966）およびローゼン（N. Rosen, 1909-1995）と共同で発表した論文，「物理的実在に関する量子力学の記述は完全と考えられるか？」[1]を扱う．アインシュタインは量子力学に対する厳しい批判者であったことが知られている．そしてこの論文は，量子力学批判の一環である．内容は「EPRパラドックス」と呼ばれ，量子力学における「観測の問題」に大きな影響を与えた．本章でも「EPRパラドックス」という名称に倣い，この論文の著者らをEPRと表現することにする．

　この論文でも，理論内部の矛盾に着目する——ということは，思考の首尾一貫性を追究する——アインシュタインの姿勢は明確である．「EPRパラドックス」は，現在では，「EPR相関」などと呼ばれるようになっている．すなわち，EPRが「矛盾」と考えたことは矛盾ではなく，量子力学によって予測され，かつ現実にも成立しているということである．しかし，この事実によってももちろん，アインシュタインらによる首尾一貫性追究の努力が無意味になったわけではない．彼らは，量子力学の重要な特性の一つ（「EPR相関」）を発見したのである．

　本章ではまず，EPRが論文において採用した物理モデルにもとづいて，EPRパラドックスを紹介する．次いで，現在用いられることの多い（より単純な）モデルについても触れる．

　なお，EPRがもち出す「実在」の定義がナイーブであることにうんざりする必要はない．そんなことは彼らもよく承知していることである．その定義に

---

1) A. Einstein, B. Podolsky and N. Rosen, "Can Quantum-Mechanical Description of Physical Reality Be Considered Complete?", *Physical Review*, 47 (1935), pp.777-780. とくに注意がない限り，以下の本章の記述はこの文献にもとづく．

もとづいて，いかに論理の展開がなされているのか．これが留意すべき点である．

▶ 論理展開の骨子

完全な理論においては，実在（対象）の諸要素に対応した理論的諸要素が存在する．ある物理量[2]の実在性に関する十分条件は，その系を乱すことなしに，確実にそれを予言できることである．量子力学では，交換可能でない演算子によって記述される二つの物理量の場合，その一方の物理量に関する知識は，他方の物理量に関する知識を阻害することが知られている．すなわち，いわゆる不確定性関係が存在する．したがってこの場合，

　（1）量子力学の波動関数が与える実在の記述は完全でないか，あるいは

　（2）これら二つの量は同時には実在性を有することができないか，

のどちらかである．すなわち簡単に表現すれば，EPRは，（1）の場合は理論に問題があるのであり，（2）の場合は対象の実在性がそのような性質をもっているのであって，理論はそれを正しく表現していると考えるのである．

ところで，このあとの思考実験で示されるのは，（1）が真でなければ，（2）もまた真ではないということである．すなわち，理論の記述が完全であるという前提から出発して，不確定性関係にある二つの物理量はともに実在性を有するという結論を得る．（1）と（2）はどちらかが真であるべき命題である．他方，量子力学的考察によれば，（1）の否定は，他の唯一の選択肢である（2）の否定を導く．これによりEPRは，波動関数によって与えられる実在の記述は完全ではないと結論する．すなわち，量子力学の記述は完全であるという前提は，この不合理な結果によって，否定されるということである．

▶ 理論評価の指標

（すでに上でみたように）物理理論について考察するときは，理論とは独立な客観的実在と理論的な概念とを明確に区別しなければならない．これら理論的概念は客観的実在と対応するよう意図されたものであり，われわれはそれら

---

[2] ここでは，量で表される理論的要素と解する．

を用いて客観的実在を描写する．

　物理理論は「正しさ」および「完全さ」の二つの点において評価される．「正しさ」は，理論と経験との一致の度合いで判定される．経験こそが実在についての推測を可能にするが，物理においてそれは実験と測定により与えられる．他方，「完全さ」についてはどうであろうか．

　ここでは，完全な理論として，次の条件を要請する：物理的実在のすべての要素は，物理理論の中に対応物をもたなければならない．また，われわれの議論にとって必要な実在の規準は（すでに上に与えたが），系を決して乱すことなく，ある物理量の値を確実に予言できることである．このとき，この物理量に対応する物理的実在の要素が存在するのである．この判定条件は，実在についての単なる十分条件と考えるならば，量子力学的概念にも，古典的概念にも適合する．

▶ 量子力学の「復習」

　1自由度を有する1粒子の振る舞いを量子力学的に記述してみる．ここでの基本概念は「状態」であって，それは波動関数 ϕ によって特徴づけられる．この ϕ は，粒子の振る舞いを記述するための変数を含む．また，観測可能量を A とすると，そのそれぞれに一つの演算子が対応しており，それを同じ文字 A で表すことにする．

　ここで，ϕ が演算子 A の固有関数であるとすると，量子力学の基本方程式

$$A\phi = a\phi \tag{I.6.1}$$

が成立する．ただし，a は（演算子ではない）ただの数である．この方程式によれば，物理量 A は，粒子が ϕ によって表される状態にあるときはいつも，確実に a という値をもっている．この a は固有値と呼ばれる．実在に関して上に与えた条件によれば，方程式（I.6.1）を満足する状態 ϕ にある粒子に対して，物理量 A に対応する実在の要素が存在する．

　たとえば，

$$\phi = \exp(i2\pi p_0 x/h) \tag{I.6.2}$$

とおいてみる．ここで，p_0 はある一定の数，また x は独立変数である[3]．この粒子の運動量に対応する演算子は，量子力学では一般に

$$p = \frac{h}{2\pi i}\frac{\partial}{\partial x} \tag{I.6.3}$$

で与えられるから，(I.6.2) を用いて

$$\begin{aligned} p\phi &= \frac{h}{2\pi i}\frac{\partial}{\partial x}\exp(i2\pi p_0 x/h) \\ &= \frac{h}{2\pi i}\frac{i2\pi p_0}{h}\exp(i2\pi p_0 x/h) = p_0\phi \end{aligned} \tag{I.6.4}$$

を得る．かくして，波動関数 ϕ〔(I.6.2)〕の状態において，運動量は確実に p_0 という値（固有値）をもつ．したがって，ϕ の状態において，粒子の運動量は実在的であるということができる．

他方，(I.6.1) が成立しないときには，物理量 A が特定の値をもつということはできない．たとえば，物理量が粒子の座標の場合，座標の演算子を q とすると，それは変数 x をかける操作である．すなわち，〔(I.6.2) において〕

$$q\phi = x\phi \neq a\phi \tag{I.6.5}$$

ということで，(I.6.1) は成立していない．

量子力学によれば，粒子が位置 x に見出される確率 $P(x)$ は

$$P(x) = \phi^*\phi \tag{I.6.6}$$

で与えられる．ここで，* は複素共役を表す（すなわち，$i \to -i$ とした量である）．したがって，測定により座標が a と b の間に見出される確率 $P(a,b)$ は，(I.6.2) を用いて，

$$\begin{aligned} P(a,b) &= \int_a^b \phi^*\phi\, dx = \int_a^b \exp(-i2\pi p_0 x/h)\exp(i2\pi p_0 x/h)dx \\ &= \int_a^b dx = b - a \end{aligned} \tag{I.6.7}$$

---

[3] x 軸上を伝播する波動は，ある時刻において一般に，$\phi = A\exp(ikx)$ と表現される．ここで，A は振幅（波動関数の場合には規格化因子），また k は波数と呼ばれる量で，λ を波長とすると $k = 2\pi/\lambda$ の関係にある．運動量を p とすると，$\lambda = h/p$ で与えられ（ブロイの関係），もとの式は $\phi = A\exp(i2\pi px/h)$ とも書くことができる．

と算出される．$P(a,b)$ は $b-a$ に比例している．すなわち，$b-a$ の差が大きくなれば，それに正比例して $P(a,b)$ は大きくなるというのだから，すべての座標の値は等しい確率をもつことがわかる．

▶ 不確定性関係

したがって，(I.6.2) で与えられる状態にある粒子については，座標が一定の値をもつということはできない．もちろん，測定によって位置を求めることはできるが，そのような測定は系を乱すことになり，座標が確定されたあとでは，系（粒子）は (I.6.2) の状態にはない．これが量子力学における不確定性関係である．すなわち，一つの粒子の運動量が知られているとき，その座標は物理的実在性をもたない．

もっと一般的に，量子力学では，二つの物理量に対応する演算子，たとえば A と B が交換可能でない場合，すなわち $AB \neq BA$ であれば，それらの一方についての正確な知識は，他方についての正確な知識を阻害する．後者の物理量を実験的に決定しようとするいかなる試みも，前者についての知識を無効にするような仕方で系の状態を変化させる．

以上のことから，(1) 量子力学の波動関数が与える実在の記述は完全でないか，あるいは (2) これら二つの量は同時には実在性を有することができないか，のどちらかであることが導かれる．すでに述べたが，(1) と (2) はどちらかが真であるべき命題である．

▶ 二つの系とその相互作用

二つの系 I と II が存在し，それらは時間 $t=0$ から T までの間相互作用しているが，それ以降の時間には，もはやいかなる相互作用もないと考えることにする．さらにわれわれは，$t=0$ 以前の二つの系の状態もわかっていると仮定する．そうであれば，シュレーディンガー方程式を用いて，合成系 I + II の状態はその後のいかなる時刻，とくに $t > T$ の任意の時刻について計算することができる．その状態を表す波動関数を Ψ としよう．

他方，われわれは，相互作用のあとのどちらか一方の系について，その状態を計算することはできない．量子力学によれば，相互作用後のどちらか一方の

系の状態を知るには,さらに測定が必要であり,それには波束の収縮として知られる過程が関与するのである.

▶ 波束の収縮

系Ⅰに関してある物理量 A を想定し,その固有値を $a_1, a_2, a_3, \cdots$,対応する固有関数を $u_1(x_1), u_2(x_1), u_3(x_1), \cdots$ としよう.ここで x_1 は系Ⅰを記述する変数である.そうすると,合成系Ⅰ+Ⅱの波動関数 Ψ は x_1 の関数と考えられ,

$$\Psi(x_1, x_2) = \sum_{n=1}^{\infty} \phi_n(x_2) u_n(x_1) \tag{Ⅰ.6.8}$$

と書くことができる.ここで,x_2 は系Ⅱを記述する変数である.また $\phi_n(x_2)$ は,直交関数系 $u_n(x_1)$ で Ψ を展開したときの係数とみなすことができる[4].

ところで,いま物理量 A を測定し,その値が a_k であることが見出されたとしよう.その場合,測定後には,系Ⅰは波動関数 $u_k(x_1)$ の状態に,また系Ⅱは波動関数 $\phi_k(x_2)$ の状態にあると結論される.これが波束の収縮といわれる事態である.すなわち,無限級数(Ⅰ.6.8)により与えられる波束が,単一の項 $\phi_k(x_2) u_k(x_1)$ に収縮するのである.

固有関数 $u_n(x_1)$ の組は,物理量として何を選ぶかによって決定される.物理量 A の代わりに,たとえば B を選び,その固有値を $b_1, b_2, b_3, \cdots$,対応する固有関数を $v_1(x_1), v_2(x_1), v_3(x_1), \cdots$ とすると,(Ⅰ.6.8)の代わりに

$$\Psi(x_1, x_2) = \sum_{n=1}^{\infty} \varphi_n(x_2) v_n(x_1) \tag{Ⅰ.6.9}$$

を得る.ただし,$\varphi_n(x_2)$ は新しい係数である.ここで物理量 B を測定し,値 b_r が見出されたとしよう.その場合,測定後には,系Ⅰは波動関数 $v_r(x_1)$ の状態に,また系Ⅱは波動関数 $\varphi_r(x_2)$ の状態にあると結論される.

物理量	$A(P)$	$B(Q)$
系Ⅰ	$u_k(x_1)$	$v_r(x_1)$
系Ⅱ	$\phi_k(x_2)$	$\varphi_r(x_2)$

---

[4] 固有関数は直交関数系といわれる性質を有し,任意の関数はそれらの一次結合で表すことができる.

▶ 系Ⅰでの測定と系Ⅱの状態

したがって，系Ⅰに対しておこなった二つの異なる測定の結果として，系Ⅱは二つの異なる波動関数をもった状態になる．他方，測定時にはすでに二つの系は相互作用していないので，系Ⅰに何をしても系Ⅱに変化をもたらすことはない．こうして，同一の系Ⅱに，二つの異なる波動関数〔上の例では $\phi_k(x_2)$ と $\varphi_r(x_2)$〕を帰属させることが可能である．

さて，ここでたまたま $\phi_k(x_2)$ および $\varphi_r(x_2)$ が，それぞれ物理量 P および Q に対応する二つの交換可能でない演算子の固有関数であったとしよう．その場合，同一の系（Ⅱ）において，不確定性関係にある二つの物理量は，ともに正確な値をもつことができる．こういうことが実際に起こり得ることを次の例によって示す．

▶ 具体例による考察 (1)：運動量

二つの粒子を二つの系と考え，

$$\Psi(x_1, x_2) = \int_{-\infty}^{\infty} \exp[(2\pi i/h)(x_1 - x_2 + x_0)p] dp \tag{Ⅰ.6.10}$$

とおくことにしよう．ただし，x_0 はある定数である．これは $t > T$ の（すなわち，もはや相互作用のない）ある時刻において，二つの粒子に対して量子力学が与える波動関数である．この式の意味はすぐあとで明らかになる．

P_1（先の例での演算子 A に対応）が第1の粒子の運動量であるとし，その固有値を p としたとき，それに対応する固有関数は

$$u_p(x_1) = \exp[(2\pi i/h)px_1] \tag{Ⅰ.6.11}$$

である．すなわち，演算子は

$$P_1 = \frac{h}{2\pi i} \frac{\partial}{\partial x_1} \tag{Ⅰ.6.12}$$

であるから，（Ⅰ.6.4）を参照すると，

$$P_1 \exp[(2\pi i/h)px_1] = p \exp[(2\pi i/h)px_1] \tag{Ⅰ.6.13}$$

あるいは

$$P_1 u_p(x_1) = p u_p(x_1) \tag{Ⅰ.6.14}$$

が成立する．

(I.6.10) の関数 $\Psi(x_1, x_2)$ を直交関数系 $u_p(x_1)$ で展開すると，(I.6.8) とは違ってここでは連続量を扱っているので[5]，和を積分に変え

$$\Psi(x_1, x_2) = \int_{-\infty}^{\infty} \phi_p(x_2) u_p(x_1) dp \tag{I.6.15}$$

と書くことになる．ここで (I.6.10)〔および (I.6.11)〕を考慮すると，第2の粒子について

$$\phi_p(x_2) = \exp[-(2\pi i/h)p(x_2 - x_0)] \tag{I.6.16}$$

を得る[6]．

この $\phi_p(x_2)$ は，演算子

$$P_2 = \frac{h}{2\pi i} \frac{\partial}{\partial x_2} \tag{I.6.17}$$

の固有関数であり，その対応する固有値は第2の粒子の運動量 $-p$ である〔(I.6.4) と同様な計算で確認できる〕．すなわち，第1の粒子と第2の粒子は逆向きの運動量（それぞれ p および $-p$）を有し，系全体の運動量は0である．

▶ 具体例による考察 (2)：座標

他方，第1の粒子の座標を Q_1 とし（先の例での演算子 B に対応），その固有値を x としたとき，それに対応する固有関数は

$$v_x(x_1) = \delta(x_1 - x) \tag{I.6.18}$$

で与えられる．この右辺はディラックのデルタ関数といわれるもので，典型的には，積分

$$\int f(x) \delta(x-a) dx = f(a) \tag{I.6.19}$$

で表されるような性質をもっている（積分範囲は $x = a$ を含む）．なお，以下に現れるデルタ関数を含む諸関係式については補足を参照できる[7]．

---

5) (I.6.8) の n は離散的であるが，(I.6.11) の p は連続量である．
6) (I.6.16) と (I.6.11) を (I.6.15) に代入すると，(I.6.10) を再現する．

デルタ関数では
$$x_1\delta(x_1-x) = x\delta(x_1-x) \qquad (\mathrm{I}.6.20)$$
の関係が成立している．これは〔（I.6.1）を参照すれば〕第1の粒子の座標の演算子 x_1 に対する固有関数が（I.6.18），その固有値が x であることを示している[8]．

第1の粒子の座標に対する固有関数が（I.6.18）であるとすると，（I.6.9）に対応しては
$$\Psi(x_1, x_2) = \int_{-\infty}^{\infty} \varphi_x(x_2) v_x(x_1) dx \qquad (\mathrm{I}.6.21)$$
と書かれ，これより（I.6.10）を考慮すると，
$$\varphi_x(x_2) = \int_{-\infty}^{\infty} \exp[(2\pi i/h)(x-x_2+x_0)p] dp = h\delta(x-x_2+x_0) \qquad (\mathrm{I}.6.22)$$
を得る．

この $\varphi_x(x_2)$ 式の右辺については
$$x_2 \cdot h\delta(x-x_2+x_0) = (x+x_0) \cdot h\delta(x-x_2+x_0) \qquad (\mathrm{I}.6.23)$$
の関係が成立するので，$h\delta(x-x_2+x_0)$，すなわち $\varphi_x(x_2)$〔（I.6.22）〕は第2の粒子の座標演算子
$$Q_2 = x_2 \qquad (\mathrm{I}.6.24)$$
の固有値 $x+x_0$ に対する固有関数である．

▶ **具体例による考察（3）：まとめ**

一般に，任意の関数 ϕ について
$$\frac{h}{2\pi i}\frac{\partial}{\partial x}x\phi - x\frac{h}{2\pi i}\frac{\partial}{\partial x}\phi = \left(\frac{h}{2\pi i}\phi + \frac{h}{2\pi i}x\frac{\partial}{\partial x}\phi\right) - x\frac{h}{2\pi i}\frac{\partial}{\partial x}\phi = \frac{h}{2\pi i}\phi \qquad (\mathrm{I}.6.25)$$
が成立し，ここで ϕ は形式的に式から除外できて

---

[7] 補足「F デルタ関数に関わる諸公式と関連の計算」．そこでは，（I.6.18）〔（I.6.20）〕，（I.6.22）および（I.6.23）が証明されている．
[8] 座標の演算子は，座標変数をかけるという操作である．（I.6.5）に関わる記述参照．

$$\left(\frac{h}{2\pi i}\frac{\partial}{\partial x}\right)\cdot x - x\cdot\left(\frac{h}{2\pi i}\frac{\partial}{\partial x}\right) = \frac{h}{2\pi i} \qquad (\mathrm{I}.6.26)$$

の関係が得られる．したがって，第2の粒子に関わる演算子 P_2〔(I.6.17)〕および Q_2〔(I.6.24)〕は，よく知られる

$$P_2 Q_2 - Q_2 P_2 = \frac{h}{2\pi i} \qquad (\mathrm{I}.6.27)$$

の関係にある．ここで，P_2 は $\phi_p(x_2)$〔(I.6.16)〕を固有関数とする演算子，Q_2 は $\varphi_x(x_2)$〔(I.6.22)〕を固有関数とする演算子，そして両者は二つの交換可能でない演算子である．

▶ EPR の結論

いまは第1の粒子と第2の粒子の間に相互作用はない．そこにおいて，$\phi_p(x_2)$ および $\varphi_x(x_2)$ は交換可能でない演算子 P_2 および Q_2 の固有関数であって，それぞれ固有値 $-p$ および $x+x_0$ に対応している．そうであれば，第1の粒子において P_1 あるいは Q_1 のどちらかを測定することによって，第2の粒子の状態を決して乱すことなく物理量 P_2 の値 $(-p)$ か，あるいは Q_2 の値 $(x+x_0)$ のどちらかを確実に予言できることになる．実在についてのわれわれの規準によれば，第一の場合で P_2 が実在の要素であることがわかり，第二の場合で Q_2 が実在の要素であることがわかる．すなわち，P_2 および Q_2 は，どちらも実在の要素である．

先に EPR は (1) 量子力学の波動関数が与える実在の記述は完全でないか，あるいは (2) これら二つの量は同時には実在性を有することができないか，のどちらかであることを導いた（「不確定性関係」の項）．ところが，量子力学が与える波動関数〔(I.6.10)〕から出発して（ということは，量子力学は実在の完全な記述を与えるという前提から出発して），交換可能でない演算子をもつ二つの物理量は同時に実在性をもつことができるという結論に達した．どちらかが真であるはずの命題 (1) と (2) において，(1) の否定が (2) の否定を導く．そこで EPR は，「波動関数によって与えられる量子力学の記述は完全ではない」と結論せざるを得ないと主張する．

▶ 反論？

　ここでの実在に関する規定が不適切であるという理由で，上の結論に異議を唱えることができるかも知れない．実際，二つまたはそれ以上の物理量が，同時に予言あるいは測定できるときにのみ，同時に実在性を有するとみなすことができると主張する場合には，上の結論には至らないであろう．この観点によれば，上の P_2 および Q_2 は両方が同時に予言・測定できるわけではないので，同時に実在性を有するということにならない．しかし，（第1の粒子に対する）測定が同時でなければならないのなら，二つの系の間には相互作用がないのにも関わらず，第1の粒子に対しておこなう測定の過程が第2の粒子の P_2 あるいは Q_2 に影響を与えることになってしまう．実在のまともな定義として，そんなことが認められるであろうか．
　EPR は，次の文章で論文を締めくくっている：
　「われわれはこのように波動関数が物理的実在の完全な記述を与えないことを示したのであるが，完全な記述なるものが存在するのかどうかについては未解決のままである．しかしわれわれは，そのような理論が可能であると信じている」．

▶ もう一つ別の例

　EPR パラドックスとして，EPR の論文からは離れ，別の例を紹介しておこう[9]．EPR の原論文をより深く理解するための助けとなるであろう．ここでは，スピン・ゼロの分子が，全スピンを保存しながら，スピン1/2の二つの部分ⅠとⅡに崩壊する例を考える．
　分子の崩壊からはすでに十分な時間が経過しており，二つの部分の間に相互作用はまったくないものとする．したがって，系Ⅰにおける測定は系Ⅱに影響を与えることはない．また，前提からして，二つの部分におけるスピンの z

---

[9] これは，D. Bohm, *Quantum Theory* 〔Maruzen (1960) 版，原著の刊行は1951年〕, chapter 22, (sections) 15-16にもとづく．また，B. d'Espagnat, *CONCEPTIONS DE LA PHYSIQUE CONTEMPORAINE* (1965)／亀井理訳『量子力学と観測の問題』ダイヤモンド社 (1971) も参照した．

成分は符号が逆であって，系Ⅰにおける測定から系Ⅱの値を予言することができる．すなわち，系Ⅱの値は，系Ⅰで測定されたものと大きさが等しく，方向が反対なものとなるはずである[10]．EPRの実在の規準によれば，（系Ⅰにおける測定によって，系Ⅱをまったく乱すことなく値を予言できるのであるから）系Ⅱのスピンのz成分は物理的実在の要素であると認めることができる．

　二つの系の間に相互作用はない．系Ⅰにおける測定によって，系Ⅱに物理的実在の要素を導入することは不可能である．したがって，この実在の要素は測定以前にも存在し，確定値をもっていたはずである．確かに系Ⅰでの測定以前には誰もその値を知らないが，それは問題ではない．実在論の世界観における根本原理の一つは，物理的実在とは人間がそれについて知識を得るかどうかにはまったく影響されないというものである．

　系Ⅱのスピンのz成分は測定以前に確定した値をもっている．したがって，系Ⅰで測定がなされなくても，この値は変わらないはずである．さらには，系Ⅰにおいて，スピンのz成分ではなくx成分を測定したと仮定しよう．これまでz成分について述べたことはそのままx成分にもあてはまる．系Ⅱのスピンのx成分は系Ⅰでの測定以前にも確定した値をもつ．すなわち，z成分もx成分も確定値をもつ．ところが，量子力学によれば，一つの粒子のスピンのz成分とx成分が同時に確定値を与えるような状態は存在しない．かくしてわれわれは矛盾に陥るのである．

▶ 追記

　量子力学においては，一度相互作用した部分間は，空間的に十分離れ相互作用がなくなったあとでも不可分であって，一方に対する測定は他方に対する測定結果に影響を与える．これは量子力学の重要な特性の一つである．上の例でいえば，（上の文章の表現とは異なり）「系Ⅱのスピンのz成分は測定以前には確定した値をもたない」．系Ⅰで測定する前は系Ⅰおよび系Ⅱのスピン成分はともに不確定であり，測定によって系Ⅰのスピン成分が決まると，それと同時に系Ⅱのスピン成分も確定するのである[11]．

---

10) これはスピン成分間の「相関」といわれる．

「EPR パラドックス」(EPR 相関) は現在, 「量子もつれ (エンタングルメント)」, 「量子テレポーテーション」, 「量子コンピュータ」といった名称の, 進行中の研究領域に関わっている. EPR は重要な問題提起をしたのである. なお, EPR 相関について, 一方の系での結果が, 瞬時に, 他方の系に伝わるということで, (光速度を越える信号の伝播は不可能とする) 特殊相対性理論との関係をもち出されることもあったが, 両者に関係はない. EPR 相関では信号が伝わるのではない. 測定者が一方の系での測定結果を選択できるわけではない.

---

11) この辺は「シュレーディンガーの猫」と呼ばれる話題に関わる.

第Ⅱ部
ブラウン運動

1章 背景

▶ **はじめに**

　「物理学革命」からはほんの少し離れるが，ここではブラウン運動の理論を扱う．ここにも，アインシュタインの発想，仕事の仕方における特徴がよく表れている．

　ブラウン運動に関する彼の最初の論文[1]の序にあたる部分では，「ここで議論される運動が，いわゆる"ブラウン分子運動"と同一である可能性はある．しかし，それに関して私が入手可能なデータは非常に不正確であり，明確な見解を述べることはできない」と書かれている．すなわち彼は，ブラウン運動について，よくは知らなかったのである．

　したがってこの論文は，ブラウン運動を解明しようとして書かれたものではない．アインシュタインは，分子運動論を前提にすれば，目には見えない分子の熱運動が，顕微鏡で直接観測できるような比較的に大きな粒子（懸濁粒子）の運動としてとらえることができることを示したのである．すなわちこの論文は原子・分子の実在性に関わるものであり，当時は，有力な科学者の中にも，それらの存在を疑わしく思う人が少なくなかったのである．彼の論文タイトルは，「熱の分子運動論から要求される静止液体中での懸濁粒子の運動について」というものであった．

　ブラウン運動は，その現象を詳細に報告したブラウン（R. Brown, 1773-1858）の名に由来する（論文は1828年発表）．ブラウン運動についてはいまだなお，さまざまな記事や本の中で，「ブラウンは花粉を水の中に入れたら，それが細かく動くことを発見した」といった趣旨の記述に出会うことがある．こ

---

[1] A. Einstein, "Über die von der molekularkinetischen Theorie der Wärme geforderte Bewegung von in ruhenden Flüssigkeiten suspendierten Teilchen", *Annalen der Physik*, **17**(1905), pp. 549-560.

れは誤りである[2]．花粉の大きさは通常25-100 μm 程度であり，こんな大きな粒子はブラウン運動をしない．ブラウン運動をするのは，花粉から水の中に出てきた微粒子である．なお，この論文でアインシュタインが懸濁粒子に与えた仮の大きさは直径1μmである．

ブラウン

▶ **ブラウン運動**

ブラウン運動は，花粉に由来する水中の微粒子が，小刻みかつ不規則に動く現象のことである．それら微粒子は，あたかも生きているかのようである．実際ブラウンは当初，これら微粒子は花粉に由来するものであるし，それを生命の運動と考えたようである．媒体の水自体は静止している（「静止液体」！）のだから，運動の原動力は粒子自身にあり，したがってそれは自発的な運動のように考えられる．しかしブラウンは材料を広げ，有機物だけでなく，残存有機物がまったく見出されない岩石の微粒子でも，同様な現象を観察することができた．

運動の原動力が生命の力でないとすれば，ほかに考えられるのは粒子間における何らかの相互作用である．しかしブラウンは，油中に微小な水滴を1個だけ形成するという巧妙な実験をおこない，その場合でも微小な水滴が同様に運動することを観察した．

ブラウン運動はこのような興味深い現象として，科学者のみならず一般の人々にも関心をもたれたようである．アインシュタインの時代における状況については，のちに少し触れることになろう．

▶ **浸透圧**

アインシュタインの論文は「懸濁粒子による浸透圧」の考察からはじまって

---

[2] これについては，板倉聖宣「水中で花粉は動く」，科学朝日編『思い違いの科学史』朝日新聞社（1978）所収を参照した．なお板倉は，この誤りを明確に指摘し告発している文献として，岩波洋造『植物のSEX』講談社ブルーバックス（1973）をあげている．

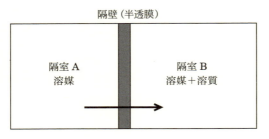

図 II.1　浸透圧
隔壁（半透膜）は溶媒分子は通すが，溶質分子は通さない．平衡は隔室 A と B の化学ポテンシャルが等しくなったところで成立する．それは，隔室 A から B への溶媒の移動，および隔室 B での圧力上昇によりもたらされる．このときの隔室間の圧力差が浸透圧である．

いる．また，扱う系は液体である．そこで，関連する諸事項とその背景について簡単に触れておく．

図 II.1 は浸透圧を説明する一つの例である．隔壁により隔てられた二つの隔室 A および B があり，B には溶媒および溶質（すなわち溶液），A には溶媒が入っている．たとえば，B は塩水，A は水である．隔壁は半透膜といわれ，溶媒は通すが溶質は通さないという性質の材料である．

二つの隔室の間に平衡が成立するためには，各隔室における化学ポテンシャルという量が等しくならなければならない．化学ポテンシャルは溶液の濃度および圧力に依存する．そのため，溶媒が隔室 A から B に移動すると同時に，隔室 B の圧力が増加することで，平衡が達成される．このときの隔室間の圧力差が浸透圧である．

浸透圧 P は，隔室 B の体積を V，溶質の物質量を m，系の絶対温度を T，気体定数を R とすると，

$$P = m\frac{RT}{V} \tag{II.1.1}$$

により与えられる．これは理想気体の状態方程式と同じ形である．この式が成立するためには二つの条件が必要であり，一つは溶液が希薄であることである．これは溶質どうしが相互作用しないという条件である．条件のもう一つは，溶液が理想溶液であるということである．

▶ **理想溶液**

ギブズ

浸透圧に関連しては，理想溶液は「ラウールの法則[3)]が成立する溶液」と定義することができる．ほとんどの溶液は希薄にすると理想溶液に近づくことが知られている．したがって，希薄溶液では通常，(Ⅱ.1.1) はよい近似で成立することが期待できる．

ところで，理想溶液として通常想定されている状態は，たとえば現代のある辞典によれば，「ベンゼンとトルエンのように分子の大きさが同じ程度で分子間力も同じ程度の成分物質を混合するとき…〔中略〕つくられる均一な溶液」[4)]というものである．すなわち，ほとんど同じ大きさの分子からなる溶液が考えられている．

アインシュタインは，熱力学の古典理論によれば，溶媒分子よりもはるかに巨大な懸濁粒子を含む液体では (Ⅱ.1.1) の成立することは期待できないとする．しかし，熱の分子運動論によれば，別の考え方に到達するとも指摘する．この理論によれば，溶質分子と懸濁粒子は大きさによって区別されるだけである．したがって，なぜある個数の懸濁粒子の存在が，同数の溶質分子の場合と同様の浸透圧に対応することにならないのかが明確でないのである．

そこでアインシュタインは，彼が先に同じ雑誌に発表した論文（1902, 1903 年）を引用しつつ熱の分子運動論を展開し，希釈度が大きい場合，同じ個数の溶質分子と懸濁粒子とは，浸透圧に関して完全に同一の振る舞いをすると結論するのである[5)]．そこで展開された理論は，われわれが現在，「統計集団の理論」として，ギブズ（J. W. Gibbs, 1839-1903）の名とともに知るものと同じ内容である．これはアインシュタインがギブズとほとんど同時期に，独立に開発したものであった．

---

3) ラウールの法則は，ある液体と平衡状態にある気体の圧力（蒸気圧）が，液体に不揮発性の溶質を溶かすと低下するという現象に関わるものである．
4) 『岩波 理化学辞典（第5版）』電子版（1998, 2008）における「理想溶液」の項．
5) この部分は，この論文の本旨からずれるし，またアインシュタイン自身が脚注で，論文の結論の理解には必要ない旨を述べているので，ここでは扱わない．

▶ **予告**

　本文に入るにあたり，アインシュタインは次のように宣言する：
「ここに考察される運動が，発見の期待される関連諸法則とともに，実際に観測できたとすれば，古典的な熱力学はもはや，顕微鏡で識別可能な大きさの物体に対し，正確さをもって適用可能とはみなし得ないことになる．そしてその場合は，原子[6]の実際の大きさを決定することができる．他方，この運動の予測が正しくないことが証明されたとすれば，熱の分子運動論的概念に対し，重要な反論が加えられたことになろう」．

---

6)　液体を構成する分子のことである．

2章 液体中の懸濁粒子の運動

▶ 力の平衡と自由エネルギー

ある液体中に懸濁粒子が無秩序に分布しているとする．そして，個々の粒子には，X 軸方向に外力 $K(x)$ が作用していると考える．ここで，ν を単位体積あたりの懸濁粒子の個数（すなわち，粒子数密度）とすると，系が熱力学的平衡の状態にあれば，ν は x の関数として $\nu(x)$ と書ける．

熱力学によれば，平衡状態においては，系の自由エネルギー[1] F は極値となっている．すなわち，懸濁粒子の位置の任意の微小変位 $\delta(x)$ に対し自由エネルギーの変化はない．系のエネルギーを E，エントロピーを S とすると，自由エネルギーは

$$F = E - TS \tag{II.2.1}$$

で定義されるので，その微小変位は，系の温度一定を前提にすると

$$\delta F = \delta E - T\delta S \tag{II.2.2}$$

で与えられる．ここで平衡状態においては $\delta F = 0$，したがって

$$\delta E - T\delta S = 0 \tag{II.2.3}$$

である[2]．

このあとは，エネルギーの微小変位（δE）およびエントロピーの微小変位（δS）のそれぞれを求めることになる．

▶ エネルギーの微小変位

いま粒子には外力 $K(x)$ が作用しているのであるが，系は平衡状態にあるのだから，粒子には，平均として，$K(x)$ に対抗する同じ大きさの力が作用して平衡になっていると考えられる．

この液体は X 軸に対して垂直に断面積 1 をもち，$x = 0$ および $x = l$ の平

---

1) 現在でいう「ヘルムホルツの自由エネルギー」である．
2) これは（I.2.1）と同じ内容を有する．

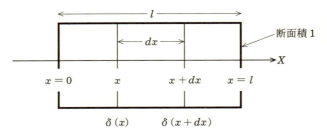

図Ⅱ.2 液体の形状
液体は断面積1で長さlの形状である．dxの長さは誇張して描かれている．粒子の微小変位$\delta(x)$は$\delta(0) = \delta(l) = 0$が前提である．

面で区切られていると仮定しよう（図Ⅱ.2）．このとき，懸濁粒子1個を$\delta(x)$だけ変位させたとすると[3]，この変位は力$K(x)$に逆らっているので，仕事の定義〔力×変位〕から，力のなした仕事は（粒子1個あたり）$-K(x)\delta(x)$となる．

いまxと$x+dx$の間の液体に着目する．この液体の断面積は1であるから，この部分の体積は$1 \times dx$，またここでの粒子数密度は$\nu(x)$：したがって，この部分に含まれる粒子の数は$\nu(x)dx$である．そこで，微小変位による液体全体の仕事としては，粒子1個あたりの仕事に粒子数をかけた$-\nu(x)dx \cdot K(x)\delta(x)$を$x$について積分し，

$$\delta E = -\int_0^l \nu(x)K(x)\delta(x)dx \tag{Ⅱ.2.4}$$

を得る（仕事はエネルギーの単位で与えられる）．

▶ エントロピーの微小変位

いま懸濁粒子を含む液体は希薄であることが前提なので，そのエントロピーは（熱の分子運動論にもとづき，浸透圧の場合と同様に考えれば），希薄溶液と同じ

---

3) 変位は$\delta(x)$なので，変位量は位置（x）に依存する．そして一般に，区間の両端では変位は0に設定される〔$\delta(0) = \delta(l) = 0$〕．

$$S-S_0 = mR\log\left(\frac{V}{V_0}\right) \qquad (\text{II}.2.5)$$

で与えられる[4]．ここで，V_0 はある基準体積，S_0 はそれに対応するエントロピー（ともに一定値），また m は粒子の物質量（「モル数」）である．

この式にもとづいて体積の微小変位によるエントロピーの微小変位を求める．まず，両辺を V で微分して

$$\frac{dS}{dV} = mR\frac{1}{V} \qquad (\text{II}.2.6)$$

また，体積 V 中の粒子数は，粒子数密度を ν とすると $V\cdot\nu$ なので，アヴォガドロ数 N_A を用いて

$$m = V\cdot\nu/N_\text{A} \qquad (\text{II}.2.7)$$

これを（II.2.6）に代入して

$$\frac{dS}{dV} = \left(\frac{V\cdot\nu}{N_\text{A}}\right)\cdot R\frac{1}{V} = \frac{\nu}{N_\text{A}}R \qquad (\text{II}.2.8)$$

これより，

$$\delta S = \frac{\nu}{N_\text{A}}R\delta V \qquad (\text{II}.2.9)$$

と書けることがわかる．

先ほどと同様に，x と $x+dx$ の間の液体に着目する（図II.2）．液体の断面積は 1 なので，この部分の体積 V は dx である．ここで，すべての粒子に $\delta(x)$ の微小変位を与えると，x に存在する粒子は $\delta(x)$ だけ移動し，また $x+dx$ に存在する粒子は $\delta(x+dx)$ だけ移動する．そうすると，体積 $V(=dx)$ に対する変位分は

$$\delta V = \delta(x+dx)-\delta(x) \qquad (\text{II}.2.10)$$

になる．

ここで微分の定義，すなわち

$$\frac{\partial f(x)}{\partial x} = \left(\frac{f(x+\Delta)-f(x)}{\Delta}\right)_{\Delta\to 0} \qquad (\text{II}.2.11)$$

---

[4] 第I部の（I.2.15）と同じ．

を想起し[5]，Δ はもともと十分に微小な量であると考えると，

$$f(x+\Delta)-f(x) = \frac{\partial f(x)}{\partial x} \cdot \Delta \qquad (\mathrm{II}.2.12)$$

この式を参照し，(II.2.10) で右辺を変形すると，($f \to \delta$, $\Delta \to dx$ として)

$$\delta V = \frac{\partial \delta(x)}{\partial x} dx \qquad (\mathrm{II}.2.13)$$

これを (II.2.9) に代入して，

$$\delta S = \frac{\nu(x)}{N_\mathrm{A}} R \frac{\partial \delta(x)}{\partial x} dx \qquad (\mathrm{II}.2.14)$$

となる．

液体全体では，積分して

$$\delta S = \frac{R}{N_\mathrm{A}} \int_0^l \nu(x) \frac{\partial \delta(x)}{\partial x} dx \qquad (\mathrm{II}.2.15)$$

ここで部分積分〔補足 (D.7)〕を用いると，右辺において

$$\int_0^l \nu(x) \frac{\partial \delta(x)}{\partial x} dx = [\nu(x) \cdot \delta(x)]_0^l - \int_0^l \delta(x) \frac{\partial \nu(x)}{\partial x} dx \qquad (\mathrm{II}.2.16)$$

微小変位の際，区間の両端での変位が 0 であること〔$\delta(0) = \delta(l) = 0$〕は一般的な前提なので，右辺第 1 項は 0 である．したがって，(II.2.15) に戻って，

$$\delta S = -\frac{R}{N_\mathrm{A}} \int_0^l \frac{\partial \nu(x)}{\partial x} \delta(x) dx \qquad (\mathrm{II}.2.17)$$

を得る．

▶ 平衡の条件

(II.2.4) と (II.2.17) を (II.2.3) に代入すると，

$$\int_0^l \left[-\nu(x) K(x) + \frac{R}{N_\mathrm{A}} T \frac{\partial \nu(x)}{\partial x} \right] \delta(x) dx = 0 \qquad (\mathrm{II}.2.18)$$

ここで $\delta(x)$ は任意なので，平衡の条件は

---

5) 変数は一つしかないので偏微分を用いる必要はないが，ここでは原論文に形式を合わせておく．

$$-\nu(x)K(x)+\frac{R}{N_A}T\frac{\partial \nu(x)}{\partial x} = 0 \tag{II.2.19}$$

あるいは，(II.2.7) を考慮して左辺第 2 項に (II.1.1) を用いて，〔$P = RT\nu(x)/N_A$ なので〕

$$\nu(x)K(x)-\frac{\partial P}{\partial x} = 0 \tag{II.2.20}$$

となる．

系には外から $K(x)$ の力が作用し，また系内の粒子数は一定なので，そこには粒子数の不均一な分布が形成される．他方，系内に隔壁（半透膜）や隔室が存在しなくても，粒子濃度の不均一があれば局所的な浸透圧の分布が生じ，それは粒子濃度の不均一を解消する方向の力になる．この浸透圧の力により，力 $K(x)$ のもとでの平衡が成立するのである．

▶ 粒子の拡散係数

ここでは，液体を構成する分子の熱運動による，懸濁粒子の無秩序な運動の過程を想定する．この過程は拡散と呼ばれ，液体中での粒子分布を均一にする方向に作用する．力 $K(x)$ に対抗する浸透圧の力も，この拡散の過程によるものである．

懸濁粒子は半径 r の球で，液体の粘度が η であるとすると，力 $K(x)$ のもとで個々の粒子は

$$\frac{K(x)}{6\pi\eta r} \tag{II.2.21}$$

の速度をもつ[6]．したがって，単位時間に単位断面積を通過する粒子の個数は，粒子数密度は $\nu(x)$ なので，

$$\frac{\nu(x)\cdot K(x)}{6\pi\eta r} \tag{II.2.22}$$

である．

---

[6] 単位の力が働いている場合の速度は $1/6\pi\eta r$．これは「ストークスの抵抗法則」における「摩擦係数」の逆数であり，「移動度」と呼ばれる．ストークス（G. G. Stokes, 1819-1903）．

さらに，懸濁粒子の拡散係数を D とすると，拡散により単位時間に単位断面積を通過する粒子の個数は

$$-D\frac{\partial \nu(x)}{\partial x} \tag{II.2.23}$$

である[7]．ここでは力 $K(x)$ と拡散との間で力学的平衡が成立しており，(II.2.22) と (II.2.23) から

$$\frac{\nu(x) \cdot K(x)}{6\pi\eta r} - D\frac{\partial \nu(x)}{\partial x} = 0 \tag{II.2.24}$$

となる．

(II.2.19) および (II.2.24) より拡散係数を求めると，x に関わる量はすべて消え，

$$D = \frac{RT}{N_A}\frac{1}{6\pi\eta r} \tag{II.2.25}$$

を得る[8]．

▶ 懸濁粒子の移動距離

懸濁粒子のそれぞれは，他のすべての粒子とは独立に，無秩序な運動をすると仮定する．そこで，このあとの議論のため，ある時間間隔 τ を導入する．この τ は観測にあたる時間（あとで t として出てくる）よりははるかに短いけれども，この時間間隔で同一粒子の運動を2回継続して観測したとき，それらの運動が独立とみなせる程度には長いものとする[9]．

いま，ある液体中に N 個の懸濁粒子が存在していて，時間間隔 τ で1個の粒子の X 座標が Δ だけ増加したとする．ただし，それぞれの粒子について，Δ はさまざまな正あるいは負の値をもつ．この Δ に対しては，ある種の分布法則が成り立っているであろう．すなわち，時間間隔 τ で Δ と $\Delta+d\Delta$ の間の

---

[7] これは「フィックの拡散法則」により与えられる．フィック (A. E. Fick, 1829-1901)．
[8] これは「アインシュタインの関係式」と呼ばれる．$1/6\pi\eta r$ は移動度，R/N_A はボルツマン定数 (I.3.3) である．
[9] たとえば，粒子が直線運動を無秩序に繰り返しているとすると，τ があまりに短ければ，その時間間隔で2回継続して観測しても，そのそれぞれは同一の直線運動の一部ということになる．

変位を受けた粒子の数 dN は

$$dN = N\varphi(\varDelta)d\varDelta \tag{II.2.26}$$

によって表されるものとする．ただし，

$$\int_{-\infty}^{\infty} \varphi(\varDelta)d\varDelta = 1 \tag{II.2.27}$$

である．また，$\varphi(\varDelta)$ は $\varDelta$ のきわめて小さな値に対してのみ 0 でない値をもち，かつ

$$\varphi(\varDelta) = \varphi(-\varDelta) \tag{II.2.28}$$

という条件を満たす[10]．

▶ 拡散の微分方程式

粒子数密度 $\nu(x)$ に時間 t の要素を入れ，$\nu(x,t)$ と表現することにする．ここで，時刻 $t+\tau$ での粒子数密度は，時刻 t において x を $\varphi(\varDelta)$ の確率で $\varDelta$ だけずらしたものに等しいので，

$$\nu(x, t+\tau) = \int_{-\infty}^{\infty} \nu(x+\varDelta, t)\varphi(\varDelta)d\varDelta \tag{II.2.29}$$

が成立する．

いま τ はきわめて小さな量なので，

$$\nu(x, t+\tau) = \nu + \tau\frac{\partial \nu}{\partial t} \tag{II.2.30}$$

と書ける〔(II.2.12) 参照〕．ただし，$\nu(x,t)$ は ν と略記した．さらに $\nu(x+\varDelta, t)$ をテイラー級数[11]により展開すると，

$$\nu(x+\varDelta, t) = \nu + \varDelta\frac{\partial \nu}{\partial x} + \frac{\varDelta^2}{2}\frac{\partial^2 \nu}{\partial x^2} + \cdots \tag{II.2.31}$$

となる．(II.2.30) および (II.2.31) をそれぞれ (II.2.29) の左辺および右辺に代入して，

---

[10] X 軸の方向にとくに意味はないので，$\varDelta$ だけ増加する確率は，$-\varDelta$ だけ増加する確率と等しいはずである．
[11] ここで用いられるテイラー級数の形式は，$f(x+\varDelta) = \sum_{n=0}^{\infty} f^{(n)}(x)\varDelta^n/n!$．なお，第 I 部の (I.4.5)〔(I.4.6)〕も参照．

$$\nu + \tau\frac{\partial \nu}{\partial t} = \nu\int_{-\infty}^{\infty}\varphi(\Delta)d\Delta + \frac{\partial \nu}{\partial x}\int_{-\infty}^{\infty}\Delta\cdot\varphi(\Delta)d\Delta + \frac{\partial^{2}\nu}{\partial x^{2}}\int_{-\infty}^{\infty}\frac{\Delta^{2}}{2}\varphi(\Delta)d\Delta + \cdots \tag{II.2.32}$$

この右辺の偶数番目の項は，(II.2.28)の関係により，被積分関数は奇関数となるので，$(-\infty, +\infty)$の積分で0になる．また（偶奇とは別に），Δは小さな値なのでその高次のべきはきわめて小さな量になる．そこで，(II.2.27)を考慮し，かつ

$$D = \frac{1}{\tau}\int_{-\infty}^{\infty}\frac{\Delta^{2}}{2}\varphi(\Delta)d\Delta \tag{II.2.33}$$

とおいて，右辺の第1項および第3項までをとることにすると，(II.2.32)は

$$\nu + \tau\frac{\partial \nu}{\partial t} = \nu + D\tau\frac{\partial^{2}\nu}{\partial x^{2}} \tag{II.2.34}$$

すなわち，

$$\frac{\partial \nu}{\partial t} = D\frac{\partial^{2}\nu}{\partial x^{2}} \tag{II.2.35}$$

になる．これはよく知られた拡散の微分方程式である[12]．

▶ 微分方程式の解

(II.2.35)は，粒子数密度$\nu(x,t)$の変化を，位置xおよび時間tにより記述したものである．粒子数密度を用いれば，時刻tにおいてX座標がxと$x+dx$の間にある粒子の数は$\nu(x,t)dx$で与えられる．ところで，いま求めたいのは，各粒子が，時間tの経過によって，統計的にどのくらいの変位を示すかということである．それを知るには，基準の時刻$t=0$における各粒子の重心を原点$x=0$とし，各粒子の変位はそこを基準として観測すればよい．粒子の運動は互いに独立なので，このような粒子ごとの座標が設定できるのである．この場合にも$\nu(x,t)$は粒子数密度を表し，微分方程式(II.2.35)にしたがうが，その意味は異なってくる．すなわち$\nu(x,t)dx$は，時刻0からtの間に，X座標の変位がxと$x+dx$の間にある粒子の数を表すことになる．

---

[12] フィックの拡散法則である．

この ν は，$t \to 0$ かつ $x \neq 0$ のとき
$$\nu(x, t) \to 0 \tag{II.2.36}$$
すなわち，$t \to 0$ では粒子は $x = 0$ 以外のところには存在しない．また，液体中の粒子数は N なので，
$$\int_{-\infty}^{\infty} \nu(x, t) dx = N \tag{II.2.37}$$
でなければならない．

これらの条件のもとでの微分方程式（II.2.35）の解は，
$$\nu(x, t) = \frac{N}{\sqrt{4\pi D}} \frac{\exp\left(-\dfrac{x^2}{4Dt}\right)}{\sqrt{t}} \tag{II.2.38}$$
である．この式は，ある任意の時刻における変位の頻度分布は，偶発誤差の分布[13]と同一であることを示す．

▶ 解の確認

この項では，解（II.2.38）が微分方程式（II.2.35）を満たすことを確認する．とくに新しい内容はないのでスキップ可能である．

ここで，
$$f = t^{-1/2} \exp(-\alpha x^2 / t) \tag{II.2.39}$$
ただし，
$$\alpha = \frac{1}{4D} \tag{II.2.40}$$
とおく．すると，
$$\begin{aligned}\frac{\partial f}{\partial t} &= -\frac{1}{2} t^{-3/2} \exp(-\alpha x^2 / t) + t^{-1/2} \frac{\alpha x^2}{t^2} \exp(-\alpha x^2 / t) \\ &= -\frac{1}{2} t^{-3/2} \exp(-\alpha x^2 / t) + t^{-5/2} \alpha x^2 \exp(-\alpha x^2 / t)\end{aligned} \tag{II.2.41}$$
また

---

13) 正規分布あるいはガウス分布のことである．

$$\frac{\partial f}{\partial x} = t^{-1/2}\left(-2\frac{\alpha x}{t}\right)\exp(-\alpha x^2/t) = -2\alpha t^{-3/2} x \exp(-\alpha x^2/t) \quad (\text{II}.2.42)$$

$$\begin{aligned}\frac{\partial^2 f}{\partial x^2} &= -2\alpha t^{-3/2}\exp(-\alpha x^2/t) - 2\alpha t^{-3/2} x\left(-2\frac{\alpha x}{t}\right)\exp(-\alpha x^2/t) \\ &= -2\alpha t^{-3/2}\exp(-\alpha x^2/t) + 4\alpha^2 x^2 t^{-5/2}\exp(-\alpha x^2/t) \\ &= 4\alpha\left[-\frac{1}{2}t^{-3/2}\exp(-\alpha x^2/t) + \alpha x^2 t^{-5/2}\exp(-\alpha x^2/t)\right] \quad (\text{II}.2.43)\end{aligned}$$

(II.2.41) と (II.2.43) を比較し,かつ (II.2.40) を考慮すると,(II.2.35) は成立していることがわかる.

▶ 条件 (II.2.36) の確認

この項では,解 (II.2.38) が条件 (II.2.36) を満たすことを確認する.とくに新しい内容はないのでスキップ可能である.

(II.2.39) の両辺を 2 乗すると,

$$f^2 = \frac{\exp(-2\alpha x^2/t)}{t} \quad (\text{II}.2.44)$$

ここで $2\alpha x^2$ を $\beta(>0)$ と定義し,さらに $1/t = k$ とすると

$$f^2 = k\exp(-\beta k) = k/\exp(\beta k) \quad (\text{II}.2.45)$$

$t \to 0$ のとき,すなわち $k \to \infty$ のときのこの関数の振る舞いを調べる.

ロピタルの定理により,(k による微分をダッシュ〔′〕で表して)

$$\left(\frac{k}{\exp(\beta k)}\right)_{k\to\infty} = \left(\frac{k'}{\exp(\beta k)'}\right)_{k\to\infty} = \left(\frac{1}{\beta\exp(\beta k)}\right)_{k\to\infty} \to 0 \quad (\text{II}.2.46)$$

これより,$t \to 0$ のとき $f^2 \to 0$ になり,したがって (II.2.39)〔ということは (II.2.38)〕は 0 に収束することがわかる.

▶ 条件 (II.2.37) の確認

この項では,解 (II.2.38) が条件 (II.2.37) を満たすことを確認する.とくに新しい内容はないのでスキップ可能である.

$$\int_{-\infty}^{\infty} \nu(x,t)dx = \int_{-\infty}^{\infty} \frac{N}{\sqrt{4\pi D}} \frac{\exp\left(-\dfrac{x^2}{4Dt}\right)}{\sqrt{t}} dx \tag{II.2.47}$$

の計算をする．ここで積分公式

$$\int_{-\infty}^{\infty} \exp(-a^2 x^2) dx = \frac{\sqrt{\pi}}{a} \tag{II.2.48}$$

を用いると，（$a = 1/\sqrt{4Dt}$ として）

$$\int_{-\infty}^{\infty} \nu(x,t)dx = \frac{N}{\sqrt{4\pi Dt}} \sqrt{4Dt}\sqrt{\pi} = N \tag{II.2.49}$$

となる．

▶ 平均2乗変位の算出

(II.2.38) を使って，ある1個の粒子が平均として受ける X 方向の変位の2乗を計算してみる．すなわち，

$$\langle x^2 \rangle = \int_{-\infty}^{\infty} x^2 \frac{\nu(x,t)}{N} dx = \int_{-\infty}^{\infty} \frac{1}{\sqrt{4\pi D}} x^2 \frac{\exp\left(-\dfrac{x^2}{4Dt}\right)}{\sqrt{t}} dx \tag{II.2.50}$$

の計算である[14]．積分公式

$$\int_{-\infty}^{\infty} u^2 \exp(-u^2) du = \frac{\sqrt{\pi}}{2} \tag{II.2.51}$$

を用いて

$$u = x/\sqrt{4Dt} \tag{II.2.52}$$

とおくと，

$$du = dx/\sqrt{4Dt} \tag{II.2.53}$$

これによりもとの式 (II.2.50) は

---

[14] ここでは1個の粒子の平均変位を求めるので，(II.2.37) を考慮して，(II.2.38) は N で割っておかなければならない．

$$\langle x^2 \rangle = \int_{-\infty}^{\infty} \frac{1}{\sqrt{4\pi D}\sqrt{t}} 4Dtu^2 \exp(-u^2)\sqrt{4Dt}\,du = \frac{4Dt}{\sqrt{\pi}} \int_{-\infty}^{\infty} u^2 \exp(-u^2)\,du$$

$$= \frac{4Dt}{\sqrt{\pi}} \cdot \frac{\sqrt{\pi}}{2} = 2Dt \tag{II.2.54}$$

これより,平均2乗変位の平方根は

$$\lambda_x = \sqrt{\langle x^2 \rangle} = \sqrt{2Dt} \tag{II.2.55}$$

したがって,平均的な変位は時間の平方根に比例することがわかる.

▶ 平均変位の公式およびアヴォガドロ数

すでに求めた式(II.2.25)と上の(II.2.55)から拡散係数 D を消去すると,

$$\lambda_x = \sqrt{t}\sqrt{\frac{RT}{N_A}\frac{1}{3\pi\eta r}} \tag{II.2.56}$$

が得られる.

アインシュタインは,N_A として「気体分子運動論の結果にしたがって 6×10^{23} を採用した場合」の1秒間における λ_x を評価している.彼の用いたデータは,液体として17℃の水の粘度 $\eta = 1.35\times 10^{-2}\,\mathrm{g/(cm\cdot s)}$,粒子の半径 $r = 5\times 10^{-5}\,\mathrm{cm}$ であり[15)],そのとき

$$\lambda_x = 8\times 10^{-5}\,\mathrm{cm} = 0.8\,\mathrm{\mu m} \tag{II.2.57}$$

この値から,1分間での平均変位は($\sqrt{60}$ をかけて)$6\,\mathrm{\mu m}$ 程度である.

ここに求められた関係は逆に,N_A を決定するために利用することもできる.すなわち,(II.2.56)を N_A について解いて

$$N_A = \frac{t}{\lambda_x^2}\frac{RT}{3\pi\eta r} \tag{II.2.58}$$

を得る.

彼の論文は次の文章をもって閉じられる:

「ここに提起された問題は熱理論との関係においてきわめて重要であり,近い

[15)] 気体定数の値は明示されていないが,(I.3.4)に関連して用いられた値から推定して,$R = 8.3\times 10^7\,\mathrm{erg/K\cdot mol}$ である.

うちに何人かが解明に成功することを期待したい」．

▶ 追記

ペラン

アインシュタインは論文中，この理論が正しければ，分子（原子）の大きさを決定できる（あるいは分子の大きさの新しい決定法が与えられる）との趣旨を述べているが，分子の大きさに関する直接的な議論はない．アインシュタインにとっては，アヴォガドロ数が分子（原子）の大きさの問題と直結していたようである．のちになって書いた文書には，「この浸透圧は分子の実際の大きさに，すなわち一グラム当量の分子数に依存する」という表現がみられる[16]．「一グラム当量の分子数」はアヴォガドロ数のことをいっているのであって，それは「分子の実際の大きさ」に直結していたのである．

理論の検証については，ペラン（J. B. Perrin, 1870-1942）の研究が有名である．彼は，コロイド粒子の沈降平衡とブラウン運動を観察し，粒子の運動がアインシュタインの拡散法則にしたがうことを見出すとともに，アヴォガドロ数を測定した．

アインシュタインはまた，次のように回想している．「この主題〔ゆらぎに関連した分子力学〕についてそれ以前になされ，実際にはあますところなく問題を明らかにしたボルツマンとギブズの研究を知らなかったので，私は統計力学を開発し，それに基づいて熱力学の分子運動論を展開した．ここにおける私のおもな目的は一定の有限の大きさの原子の存在を可能なかぎり確実に明らかにしている事実を見いだすことであった．そうしているうちに，私は，ブラウン運動についての観測はすでに大分以前からよく知られていたということを知らずに，原子論によると懸濁した微視的粒子の運動は観測にかかるはずであることを発見した」（〔 〕内の挿入は引用者による）．そしてその結果は，「その当時非常に多かった懐疑論者（オストワルド，マッハ）に原子の実在性を納得

---

16) A. Einstein, *Autobiographisches*, edited by P. A. Schilpp（1949）／中村誠太郎・五十嵐正敬訳『自伝ノート』東京図書（1978），pp.60-61．この項における引用はすべてこの文献による．

させた」のである．

　アインシュタインの論文に先立ち，彼と同様な問題意識，すなわち液体分子の熱運動をブラウン運動の原因と考えて組織的に実験をおこなったのはグーイ（L. G. Gouy, 1854-1926）である．アインシュタインは，次の年（1906年）に発表した「ブラウン運動の理論について」という論文の冒頭で，「いわゆるブラウン運動が液体分子の不規則な熱運動によって引き起こされていることを直接観測によってすでに確認していた」物理学者たちとして，とりわけ「グーイ教授」の名をあげている．

第Ⅲ部

相対性理論

1章 背景

▶ 相対性原理

相対性理論は「相対性原理」にもとづく．相対性原理は「物理法則はすべての座標系において同じ形式で記述される」ことを主張する．ただし，すべての座標系といっても，ニュートン力学および特殊相対性理論の諸法則は，慣性系と呼ばれる特別な座標系においてしか成立しない．したがって，そこでの相対性原理は，「物理法則はすべての慣性系において同じ形式で記述される」という主張になる．

▶ 慣性系

慣性系とは「慣性の法則」[1]が成立する座標系のことで，そこでは物体は，外力が作用しなければ，運動状態を持続する．すなわち，運動している物体は等速直線運動をつづけ，また静止した物体は静止しつづける．慣性系においては，物体に力[2]が加えられたとき，それに比例した加速度が生じる．これがニュートンの運動方程式の示す法則[3]である．また，作用反作用の法則[4]も慣性の法則と一体である．

地球表面に固定した座標系は慣性系ではない．そこでは，物体の静止状態を保つには，重力に抗した力を加えなければならない．その力が消失すると，物体は地球の中心に向かって（等速ではなく）加速度運動をはじめる．ただし，重力や摩擦の効果を最小にした地表の系（たとえば水平面上での球の運動）では，慣性の法則が近似的に成立しており，そこは近似的に慣性系とみなすこと

---

1) ニュートンの運動法則の第一法則．
2) いわゆる「現実の力」のことである．慣性系に対して加速度運動をする座標系（たとえば，ブレーキのかかった乗物）において生じる「みかけの力」と区別される．
3) ニュートンの運動法則の第二法則．
4) ニュートンの運動法則の第三法則．たとえば，相互作用する二つの物体を一つの物体とみなした場合，慣性の法則からは作用反作用の法則が導かれ，作用反作用の法則からは慣性の法則が導かれる．

ができる．これが地表での観測や実験で力学の法則が発見できた理由の一端である．慣性系の概念は，ニュートン力学と同様，相対性理論においても重要な役割を果たす．

現在「無重力状態」として知られる空間は慣性系である．そこでは，力の作用を受けない物体は，静止あるいは等速直線運動をつづける．

▶ ガリレイ変換

ある系が慣性系であるとすると，その系に対して等速直線運動をする系も慣性系である．このとき，慣性系どうしを結びつける変換式が存在し，ニュートン力学においては「ガリレイ変換の式」が知られている．

ある慣性系 K（座標 x, y, z）を設定し，それを「静止系」と呼ぶことにする．そして，一つの例として，その系の x 軸方向に一定速度 v で並進する「運動系」K′（座標 x', y', z'）を想定すると〔図Ⅲ.1〕，これも慣性系である．このとき，系 K と K′ を結ぶガリレイ変換の式は，系 K′ の y' 軸および z' 軸がそれぞれ系 K の y 軸および z 軸と平行を保ち，また時刻 $t = t' = 0$ のとき二つの系の原点は一致していたとすると，

$$x' = x - vt, \quad y' = y, \quad z' = z, \quad t' = t \tag{Ⅲ.1.1}$$

で与えられる．

ニュートンの運動方程式は

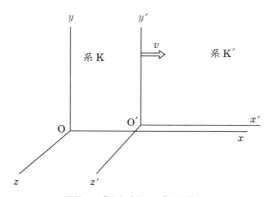

図Ⅲ.1　「静止系」K と「運動系」K′

マクスウェル

$$m\frac{d^2x}{dt^2} = f_x, \quad m\frac{d^2y}{dt^2} = f_y, \quad m\frac{d^2z}{dt^2} = f_z$$
(Ⅲ.1.2)

と表現される．ここで，質量 m は物質固有の量であり，どんな座標系で記述されようが不変である（と考えられる）．また，f_x 等は質量に作用する力であり，

それは，たとえばバネの伸びとして測定できる．伸び（長さ）はいかなる座標系で記述されようが不変である（と考えられる）．また，ガリレイ変換の式（Ⅲ.1.1）によれば，（速度 v は一定なので）

$$\frac{d^2x'}{dt'^2} = \frac{d^2x}{dt^2}, \quad \frac{d^2y'}{dt'^2} = \frac{d^2y}{dt^2}, \quad \frac{d^2z'}{dt'^2} = \frac{d^2z}{dt^2}$$
(Ⅲ.1.3)

の関係が成立し，したがってニュートンの運動方程式はガリレイ変換に対して不変であることがわかる．すなわち，それは系 K においても系 K′ においても同じ形で成立する．

▶ マクスウェル方程式

マクスウェル方程式は電磁気学および光学に関する基本方程式である．この式の原形は1860年代から70年代にかけてマクスウェル（J. C. Maxwell, 1831-1879）によってまとめられたもので，そのため彼の名が冠されている[5]．アインシュタインは，「私が学生のころに最も魅力的な主題はマクスウェルの理論であった」と書いている[6]．

真空についてのマクスウェル方程式は，アインシュタインが採用したガウス単位系によれば，

$$\frac{1}{c}\frac{\partial E_x}{\partial t} = \frac{\partial H_z}{\partial y} - \frac{\partial H_y}{\partial z}, \quad \frac{1}{c}\frac{\partial E_y}{\partial t} = \frac{\partial H_x}{\partial z} - \frac{\partial H_z}{\partial x}, \quad \frac{1}{c}\frac{\partial E_z}{\partial t} = \frac{\partial H_y}{\partial x} - \frac{\partial H_x}{\partial y}$$
(Ⅲ.1.4)

---

[5] 式を現在の形にまとめたのはヘルツ（H. R. Hertz, 1857-1894）である．アインシュタインはこの式を「マクスウェル-ヘルツ方程式」と呼んでいる．
[6] アインシュタイン『自伝ノート』（第Ⅱ部2章の脚注に既出），p.37.

$$\frac{1}{c}\frac{\partial H_x}{\partial t} = \frac{\partial E_y}{\partial z} - \frac{\partial E_z}{\partial y}, \quad \frac{1}{c}\frac{\partial H_y}{\partial t} = \frac{\partial E_z}{\partial x} - \frac{\partial E_x}{\partial z}, \quad \frac{1}{c}\frac{\partial H_z}{\partial t} = \frac{\partial E_x}{\partial y} - \frac{\partial E_y}{\partial x}$$
(Ⅲ.1.5)

$$\frac{\partial E_x}{\partial x} + \frac{\partial E_y}{\partial y} + \frac{\partial E_z}{\partial z} = 0, \quad \frac{\partial H_x}{\partial x} + \frac{\partial H_y}{\partial y} + \frac{\partial H_z}{\partial z} = 0 \tag{Ⅲ.1.6}$$

と表現される．ここで，

$$(E_x, E_y, E_z) = \boldsymbol{E} \quad \text{および} \quad (H_x, H_y, H_z) = \boldsymbol{H} \tag{Ⅲ.1.7}$$

はそれぞれ電場ベクトルおよび磁場ベクトルとその各成分，また c は光速度である．電場および磁場の各成分は，一般には，x, y, z および t の関数である．

▶ マクスウェル方程式へのガリレイ変換の適用？

ニュートンの運動方程式はガリレイ変換に対して不変であったが，マクスウェル方程式はそのようにはみえない．まず光速度 c が問題である．(Ⅲ.1.1)の最初の式を時間で微分し，それを速度 V として表すと，

$$V' = V - v \tag{Ⅲ.1.8}$$

すなわち，系 K において x 軸方向に運動する対象の速度 V は，系 K′ からみると v だけ小さくなる．他方，y 軸および z 軸方向については変化がない．光速度についても同様に考えられる．

さらに，座標変換を考慮すると，一般に，

$$\frac{\partial}{\partial x} = \frac{\partial x'}{\partial x}\frac{\partial}{\partial x'} + \frac{\partial y'}{\partial x}\frac{\partial}{\partial y'} + \frac{\partial z'}{\partial x}\frac{\partial}{\partial z'} + \frac{\partial t'}{\partial x}\frac{\partial}{\partial t'} \tag{Ⅲ.1.9}$$

$$\frac{\partial}{\partial t} = \frac{\partial x'}{\partial t}\frac{\partial}{\partial x'} + \frac{\partial y'}{\partial t}\frac{\partial}{\partial y'} + \frac{\partial z'}{\partial t}\frac{\partial}{\partial z'} + \frac{\partial t'}{\partial t}\frac{\partial}{\partial t'} \tag{Ⅲ.1.10}$$

の関係が成立する．ここで，ガリレイ変換 (Ⅲ.1.1) の関係において偏微分を実行すると，

$$\partial x'/\partial x = 1, \quad \partial y'/\partial x = \partial z'/\partial x = \partial t'/\partial x = 0 \tag{Ⅲ.1.11}$$

$$\partial x'/\partial t = -v, \quad \partial y'/\partial t = \partial z'/\partial t = 0, \quad \partial t'/\partial t = 1 \tag{Ⅲ.1.12}$$

なので，

$$\frac{\partial}{\partial x} = \frac{\partial}{\partial x'} \tag{Ⅲ.1.13}$$

$$\frac{\partial}{\partial t} = -v\frac{\partial}{\partial x'} + \frac{\partial}{\partial t'} \tag{III.1.14}$$

を得る．さらにこれらに加え，(III.1.1) の 3 番目の関係より

$$\frac{\partial}{\partial z} = \frac{\partial}{\partial z'} \tag{III.1.15}$$

を用いて，試みに (III.1.4) の 2 番目の式を変換してみる．

　光速度についてはよくわからないので，変換後の値を暫定的に c' としておくと，(III.1.4) の 2 番目の式は

$$\frac{1}{c'}\left(-v\frac{\partial}{\partial x'} + \frac{\partial}{\partial t'}\right)E_y = \frac{\partial H_x}{\partial z'} - \frac{\partial H_z}{\partial x'} \tag{III.1.16}$$

これをもとの (III.1.4) に近い形になるよう整理すると，

$$\frac{1}{c'}\frac{\partial E_y}{\partial t'} = \frac{\partial H_x}{\partial z'} - \frac{\partial}{\partial x'}\left(H_z - \frac{v}{c'}E_y\right) \tag{III.1.17}$$

になる．光速度をどう扱うかという問題[7]があることに加え，式の形が大きく変わってしまうことがわかる．相対性原理の成立はまったく期待できないようにみえる．

---

7) 変換のあと光速度は変化し，しかもその値は方向によって異なることになる．

2章 特殊相対性理論

▶ **はじめに**

　アインシュタインは特殊相対性理論の論文[1]を次の文章ではじめている：
「マクスウェルの電気力学は，現在の普通の解釈によれば，運動物体に適用した場合現象に固有とは思われない非対称を導くことが知られている．たとえば，磁石と導体との電気力学的相互作用を考えてみる．ここにおいて観察される現象は，導体と磁石との相対運動にのみ依存する．ところが，普通の解釈によれば，二つの場合，つまりこれらの物体のどちらが運動しているかということは相互に明確な区別をしなければならない．すなわち，磁石が運動し導体が静止している場合は磁石のまわりに一定の値のエネルギーの電場が生じ，そのため導体の存在する場所に電流が発生する．しかし，磁石が静止し導体が運動する場合は磁石のまわりに電場は生じない．その代わり導体の中には起電力が生じる．その起電力に対応するエネルギーは元来存在しない．しかしそれは，着目した二つの場合の相対運動が同じことを前提とすれば，前者の場合に電気力によって生じたのと同じ大きさで同じ方向の電流を生じる」（傍点引用者）[2]．

　コイル（導体）の中で磁石を運動させれば，コイルに電流が発生する．有名なファラデーの電磁誘導である．他方，磁石は固定しておいてコイルを運動させた場合も，コイルにはまったく同様に電流が発生する．磁石とコイルの間の相対関係は同じなのだから，これは当然の結果と思われる．しかし，マクスウェル電磁気学での普通の解釈によれば，二つの場合を区別しなければならな

---

[1] A. Einstein, "Zur Elektrodynamik bewegter Körper", *Annalen der Physik*, **17** (1905), pp.891-921.
[2] 唐木田健一『原論文で学ぶ アインシュタインの相対性理論』ちくま学芸文庫（2012）．私はこの本の中で特殊相対性理論の原論文に日本語訳を与え，それに詳細な解説を付した．

い[3]．これはおかしいのではないか，というのがアインシュタインの問題提起である．

▶力学と電磁気学との間の不整合

　アインシュタインの論文タイトルは「運動している物体の電気力学について」というものである．このようなテーマを扱うためには，ニュートン力学とマクスウェル電磁気学を統合して用いなければならない．アインシュタインがこの論文冒頭の例で示唆したのは力学と電磁気学との間の不整合であり，それが「非対称」という言葉で表現されているのである．すでにみたように，力学の法則はガリレイ変換に対して不変であるが，マクスウェル方程式は形が変わってしまう．これは，力学と電磁気学との間には形式上本質的な不整合があることを示している．

　特殊相対性理論の論文でアインシュタインがおこなったことを図式的に説明すれば，彼はマクスウェル方程式が不変となるような変換式を導出し，それに合うよう力学の方程式を書き直して，両者の間の不整合を解消したのである．

　マクスウェル方程式が不変となるような変換式は現在，「ローレンツ変換」と呼ばれている．これがガリレイ変換に取って代わったのである．ローレンツ変換を導くには，時間-空間概念の根本的な改変が必要であった．そして，この時間-空間概念の根本的な改変を導いたのは，「光速度不変の原理」であった．

▶光速度不変の原理

　特殊相対性理論を学んだ人の多くは「光速度不変の原理」につまずいた経験があるのではないか．光速度不変の原理は，「光速度はすべての慣性系に対し，つねに一定の値をもつ」ことを主張する．すなわち，（たとえば）光速度は系 K からみても系 K′ からみても，しかも進行方向に関わらず，つねに一定値を

---

[3] マクスウェル方程式によれば，磁場が運動（すなわち時間的に変化）すると電場が生じる〔III.1.5）〕．この電場が導体に作用し電流を発生させる．他方，磁石が静止していて導体が運動する場合には電場は存在しない．その代わり導体中には起電力が現れ，それが電流を発生させると解釈するのであるが，その起電力に対応する電場は存在しないのである．

示すということである．これは，（Ⅲ.1.8）の関係になじんだ人にとっては，《不思議な》感じを与えるであろう．他方，マクスウェル電磁気学に深くなじんだアインシュタインは直感的に，光速度不変の原理にたどり着いたようである．

　私自身は，特殊相対性理論の続報（同じ1905年，あとで触れる）の脚注に，「そこ〔前報〕で用いた光速度不変の原理は，もちろん，マクスウェル方程式に含まれている」（〔　〕は引用者）[4]という記述をみたとき，かなり驚いた記憶がある．とてもそのようには思えなかったからである．

　さらに，しばしば引用される次の文章がある：

「では，どのようにしてそのような普遍原理が発見されたのであろうか．十年熟考して，そのような原理は，私がすでに十六歳のときにぶつかった，パラドックスから得られた．そのパラドックスは，光線のビームを（真空中の）光速度 c で追いかけると，その光線ビームは静止した，空間的に振動する電磁場としてみえるはずだというものだった．しかし，経験に基づいても，マクスウェルの理論によってもそのようなことが起こるとは思えなかった．そもそものはじめから私には，そのような観測者の観点から判断すると，すべてが地球に静止している観測者と同じ法則にしたがって生じなければならないことは直感的に明らかなように思われた」[5]．

　直感により得られた仮説であっても，それにもとづいて首尾一貫した理論体系が構築され，かつそれが広範な経験によって裏づけられるとすれば，その仮説は「原理」に昇格するのである．

▶ローレンツ変換（1）：光速度不変の原理

　ローレンツ変換はマクスウェル方程式を不変に保つ変換であり，それはいわば光速度不変の原理の具体化である．ここでは原論文からは少し離れ，のちになってアインシュタインが示した「簡単な導き方」[6]を追ってみる．

---

4) 『原論文で学ぶ アインシュタインの相対性理論』（既出），p.299.
5) 『自伝ノート』（既出），p.74.
6) A. Einstein, *Über die spezielle und allgemeine Relativitätstheorie* (1 st ed., 1917)／金子務訳『わが相対性理論』白揚社（1973），pp.135-139.

系 K において x 軸の方向に進む光信号は
$$x = ct \tag{Ⅲ.2.1}$$
あるいは
$$x - ct = 0 \tag{Ⅲ.2.2}$$
を満たす．この同じ光信号は，系 K′ においても
$$x' - ct' = 0 \tag{Ⅲ.2.3}$$
で進行する．光速度不変の原理により，光速度 c はそのままである．(Ⅲ.2.2) が成立すれば (Ⅲ.2.3) が成立しなければならず，逆に (Ⅲ.2.2) が成立すれば (Ⅲ.2.3) が成立するのであるから，
$$x' - ct' = \lambda(x - ct) \tag{Ⅲ.2.4}$$
の関係が満たされなければならない．ここで λ は定数である．

x 軸とは逆向きに進む光信号についても同様にして，
$$x' + ct' = \mu(x + ct) \tag{Ⅲ.2.5}$$
が満たされなければならない．

(Ⅲ.2.4) と (Ⅲ.2.5) を辺々加え，また引くと
$$2x' = (\lambda + \mu)x - (\lambda - \mu)ct \tag{Ⅲ.2.6}$$
$$2ct' = (\mu - \lambda)x + (\lambda + \mu)ct \tag{Ⅲ.2.7}$$
ここで，
$$a = (\lambda + \mu)/2, \quad b = (\lambda - \mu)/2 \tag{Ⅲ.2.8}$$
という二つの定数を導入すると，
$$x' = ax - bct \tag{Ⅲ.2.9}$$
$$ct' = act - bx \tag{Ⅲ.2.10}$$
を得る．

いま系 K において系 K′ の原点に着目すると，そこは $x' = 0$ なので，(Ⅲ.2.9) より，
$$x = bct/a \tag{Ⅲ.2.11}$$
これは系 K からみた系 K′ の原点の運動であり，その速度 (x/t) は
$$v = bc/a \tag{Ⅲ.2.12}$$
である．これは二つの系の相対速度である．

▶ ローレンツ変換 (2) : 単位測量棒の長さ

ここで，系 K の時刻 $t = t$ の瞬間において，系 K$'$ の x' 軸上の距離 $\Delta x' = x_1' - x_0'$ およびそれに対応する系 K の x 軸上の距離 $\Delta x = x_1 - x_0$ に着目すると，(Ⅲ.2.9) より，

$$x_1' = ax_1 - bct, \quad x_0' = ax_0 - bct \tag{Ⅲ.2.13}$$

これより

$$\Delta x' = a \cdot \Delta x \tag{Ⅲ.2.14}$$

したがって，系 K$'$ における単位の長さ $\Delta x' = 1$ は，系 K からみると長さ

$$\Delta x = 1/a \tag{Ⅲ.2.15}$$

になる．

他方，系 K$'$ の時刻 $t' = t'$ の瞬間において，これと同様な考察をおこなうと，(Ⅲ.2.9) より

$$x_1' = ax_1 - bct_1, \quad x_0' = ax_0 - bct_0 \tag{Ⅲ.2.16}$$

ここで，$\Delta t = t_1 - t_0$ とおくと[7]，

$$\Delta x' = a \cdot \Delta x - bc \cdot \Delta t \tag{Ⅲ.2.17}$$

また，(Ⅲ.2.10) より，(いま系 K$'$ の時刻 $t' = t'$ の瞬間を扱っているので)

$$ct' = act_1 - bx_1, \quad ct' = act_0 - bx_0 \tag{Ⅲ.2.18}$$

ここで t' を消去して

$$ac \cdot \Delta t - b \cdot \Delta x = 0 \tag{Ⅲ.2.19}$$

すなわち，

$$\Delta t = \frac{b}{ac} \Delta x \tag{Ⅲ.2.20}$$

これを (Ⅲ.2.17) に代入し，(Ⅲ.2.12) を考慮すると，

---

7) これは，(系 K$'$ の時刻 $t' = t'$ の瞬間において) 系 K の x_1 における時計の示す時刻が t_1，x_0 における時計の示す時刻が t_0 であることを意味する．系 K および系 K$'$ のそれぞれにおいては時計は同調しており (すなわち同一の時刻を示し)，したがって (Ⅲ.2.2) および (Ⅲ.2.3) が成立する．しかし，一方の系から他方の系をみたとき，他方の系の時計は同調していないのである．これは，一方の系においては同時の事象も，他方の系では同時ではないこと (「同時刻の相対性」) を意味する．いまの場合でいえば，系 K$'$ の x_1' および x_0' における事象は同時刻 (t') であるが，対応する系 K の x_1 および x_0 における事象は同時刻ではない (それぞれ時刻 t_1 および t_0)．

$$\Delta x' = a \cdot \Delta x - bc \frac{b}{ac} \Delta x = a\left(1 - \frac{b^2}{a^2}\right)\Delta x = a\left(1 - \frac{v^2}{c^2}\right)\Delta x \qquad (\text{III}.2.21)$$

したがって，系 K における単位の長さ $\Delta x = 1$ は，系 K′ からみると長さ

$$\Delta x' = a\left(1 - \frac{v^2}{c^2}\right) \qquad (\text{III}.2.22)$$

になる．

相対性あるいは対称性の要求から，(III.2.15) の Δx と (III.2.22) の $\Delta x'$ は等しいはずである．したがって，

$$a^2 = \frac{1}{1 - \dfrac{v^2}{c^2}} \qquad (\text{III}.2.23)$$

これより

$$a = \frac{1}{\sqrt{1 - \dfrac{v^2}{c^2}}} \qquad (\text{III}.2.24)$$

が求まる[8]．

また，(III.2.12) および (III.2.24) から，

$$b = \frac{v}{c}a = \frac{v}{c\sqrt{1 - \dfrac{v^2}{c^2}}} \qquad (\text{III}.2.25)$$

▶ ローレンツ変換 (3)：まとめ

上で求めた a および b を (III.2.9) および (III.2.10) に代入して，

$$x' = \frac{x - vt}{\sqrt{1 - \dfrac{v^2}{c^2}}} \qquad (\text{III}.2.26)$$

[8) たとえば (III.2.15) より，a は正の値である．したがって，たとえば (III.2.12) より，b も正の値である．

$$t' = \frac{t - \frac{v}{c^2}x}{\sqrt{1 - \frac{v^2}{c^2}}} \qquad (\text{III}.2.27)$$

これがローレンツ変換の式である．これにはさらに

$$y' = y, \quad z' = z \qquad (\text{III}.2.28)$$

が付け加えられる．

▶ 不変関係

ローレンツ変換では，

$$x'^2 - c^2 t'^2 = x^2 - c^2 t^2 \qquad (\text{III}.2.29)$$

の関係が成立している．すなわち，

$$\begin{aligned}
x'^2 - c^2 t'^2 &= \frac{(x-vt)^2}{1 - \frac{v^2}{c^2}} - c^2 \frac{\left(t - \frac{v}{c^2}x\right)^2}{1 - \frac{v^2}{c^2}} \\
&= \frac{(x^2 - 2vtx + v^2 t^2) - c^2\left(t^2 - 2\frac{v}{c^2}xt + \frac{v^2}{c^4}x^2\right)}{1 - \frac{v^2}{c^2}} \\
&= \frac{x^2\left(1 - \frac{v^2}{c^2}\right) - c^2 t^2\left(1 - \frac{v^2}{c^2}\right)}{1 - \frac{v^2}{c^2}} = x^2 - c^2 t^2 \qquad (\text{III}.2.30)
\end{aligned}$$

である．

▶ 光速度は方向によらず一定であること

時刻 $t = t' = 0$ のとき，系 K および K′ の共通の原点からあらゆる方向に光が放出されたとする．光の先端は，系 K においては，半径が光速度で拡大する球面を形成する．すなわち，

$$x^2 + y^2 + z^2 = c^2 t^2 \qquad (\text{III}.2.31)$$

あるいは，

$$x^2+y^2+z^2-c^2t^2 = 0 \tag{III.2.32}$$

ここで，(III.2.29) および (III.2.28) を考慮すると，

$$x'^2+y'^2+z'^2-c^2t'^2 = 0 \tag{III.2.33}$$

が導かれ，系 K′ においても光はあらゆる方向に速度 c で伝播することがわかる．

▶ ものさしの短縮

(III.2.14) と (III.2.24) から，系 K′ の x' 軸上にある長さ l' のものさしは，系 K では長さ

$$l = l'\sqrt{1-\frac{v^2}{c^2}} \tag{III.2.34}$$

にみえる．すなわち，運動するものさしの長さは短縮する．これは「ローレンツ短縮」と呼ばれる．

▶ 時計の遅れ

運動系 K′ において時計を任意の位置，たとえば x' 軸上の x_0' に固定したとする．そして，この時計が t_1' から t_2' まで進む間に，静止系 K に静止した時計は t_1 から t_2 まで進んだとする．ローレンツ変換 (III.2.26) および (III.2.27) を逆に解くと

$$x = \frac{x'+vt'}{\sqrt{1-\frac{v^2}{c^2}}} \tag{III.2.35}$$

$$t = \frac{t'+\frac{v}{c^2}x'}{\sqrt{1-\frac{v^2}{c^2}}} \tag{III.2.36}$$

を得るが[9]，この (III.2.36) において $x' = x_0'$ とおくと

---

9) 文字どおり逆に解いてもよいが，ダッシュの記号を入れ替え，$v \to -v$ とするのが簡単である．

$$t_1 = \frac{t_1' + \frac{v}{c^2}x_0'}{\sqrt{1-\frac{v^2}{c^2}}}, \quad t_2 = \frac{t_2' + \frac{v}{c^2}x_0'}{\sqrt{1-\frac{v^2}{c^2}}} \tag{III.2.37}$$

これより，$\Delta t = t_2 - t_1$, $\Delta t' = t_2' - t_1'$ とすると，

$$\Delta t = \frac{\Delta t'}{\sqrt{1-\frac{v^2}{c^2}}} \tag{III.2.38}$$

すなわち，運動する時計は，静止した系からみると，ゆっくりと進む．

▶ 速度の加法規則

静止系 K に対して速度 v で運動する系 K′ において，速度 w で運動する物体があったとする．系 K からみたときこの物体の速度はいかなる値になるのか．物体は系 K′ に対して速度 w で運動するのだから，

$$x' = wt' \tag{III.2.39}$$

にしたがう．

まずはガリレイ変換において考えてみよう．(III.2.39) を (III.1.1) の 1 番目の式に代入し，4 番目の関係に注意して，x について解くと

$$x = (v+w)t \tag{III.2.40}$$

すなわち，系 K からみたその速度は

$$V = v+w \tag{III.2.41}$$

になる．

他方，ローレンツ変換ではどうなるのか．(III.2.26) と (III.2.27) を (III.2.39) に代入すると，

$$\frac{x-vt}{\sqrt{1-\frac{v^2}{c^2}}} = w \cdot \frac{t - \frac{v}{c^2}x}{\sqrt{1-\frac{v^2}{c^2}}} \tag{III.2.42}$$

これを整理して x について解くと

$$x = \frac{w+v}{1+\dfrac{vw}{c^2}} \cdot t \tag{III.2.43}$$

すなわち，系 K からみたその速度は

$$V = \frac{w+v}{1+vw/c^2} \tag{III.2.44}$$

になる．これがローレンツ変換における速度の加法規則である．

念のため，(III.2.44) に $w=c$ を代入すると，$V=c$ を得る．すなわち，系 K′ において速度 c で伝播する光は，系 K からみてもその速度は c である．

▶ 運動量保存

運動系 K′ において，同一質量 m' を有する二つの球が非弾性衝突をしたとしよう[10]．衝突前の速度は μ' と $-\mu'$ で，衝突したあと二つの球は付着し静止する．これを静止系 K で観測したとき，球の質量は m_1 と m_2，衝突前の速度はそれぞれ μ_1 と μ_2 であったとする．衝突後の付着した球の速度は v で，これは系 K に対する系 K′ の相対速度である（図III.2）．

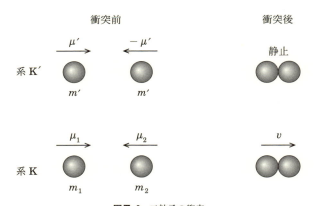

図III.2 二粒子の衝突
運動系 K′ において同一質量の二粒子が衝突し，静止する．それを静止系 K から観察する．

---

10) この部分の記述は，次の文献を参照した：E. P. Ney, *Electromagnetism and Relativity*, A Harper International Student Reprint（1 st reprint ed., 1965), pp.63-65.

速度の加法規則（Ⅲ.2.44）を参照すると，

$$\mu_1 = \frac{\mu'+v}{1+\mu'v/c^2}, \quad \mu_2 = \frac{-\mu'+v}{1-\mu'v/c^2} \tag{Ⅲ.2.45}$$

が成立する．ここで，衝突前後での系 K′ および K それぞれにおける運動量保存の法則を書くと，

$$m'\mu' - m'\mu' = 0 \tag{Ⅲ.2.46}$$
$$m_1\mu_1 + m_2\mu_2 = (m_1+m_2)v \tag{Ⅲ.2.47}$$

（Ⅲ.2.47）の両辺を m_2 で割り，m_1/m_2 で整理すると，

$$\frac{m_1}{m_2}(\mu_1-v) = -\mu_2 + v \tag{Ⅲ.2.48}$$

これに（Ⅲ.2.45）を代入して整理すると

$$\frac{m_1}{m_2}\frac{\mu'(1-v^2/c^2)}{1+\mu'v/c^2} = \frac{\mu'(1-v^2/c^2)}{1-\mu'v/c^2} \tag{Ⅲ.2.49}$$

すなわち，

$$\frac{m_1}{m_2} = \frac{1+\mu'v/c^2}{1-\mu'v/c^2} \tag{Ⅲ.2.50}$$

ここで，

$$\frac{1+\mu'v/c^2}{1-\mu'v/c^2} = \frac{\sqrt{1-\mu_2^2/c^2}}{\sqrt{1-\mu_1^2/c^2}} \tag{Ⅲ.2.51}$$

という関係がある（次項）ので，（Ⅲ.2.50）より，

$$\frac{m_1}{m_2} = \frac{\sqrt{1-\mu_2^2/c^2}}{\sqrt{1-\mu_1^2/c^2}} \tag{Ⅲ.2.52}$$

を得る．

▶（Ⅲ.2.51）の導出

ここでは（Ⅲ.2.51）を導出する．とくに新しい内容はないのでこの項はスキップ可能である．

（Ⅲ.2.45）の μ_2 を用いると，

$$1-\mu_2^2/c^2 = 1 - \frac{(\mu'-v)^2}{(1-\mu'v/c^2)^2} \cdot \frac{1}{c^2} = \frac{(1-\mu'v/c^2)^2 c^2 - (\mu'-v)^2}{(1-\mu'v/c^2)^2 c^2} \tag{Ⅲ.2.53}$$

この右辺の分子を展開し，整理すると，

$$
\begin{aligned}
\text{分子}：& c^2+(\mu'v/c)^2-\mu'^2-v^2 \\
=& c^2[1+(\mu'v/c^2)^2]-\mu'^2-v^2 \\
=& c^2[1+(\mu'v/c^2)^2+2(\mu'v/c^2)]-\mu'^2-v^2-2\mu'v \\
=& c^2(1+\mu'v/c^2)^2-(\mu'+v)^2
\end{aligned}
\tag{III.2.54}
$$

ここで (III.2.45) より，

$$
\mu'+v = \mu_1(1+\mu'v/c^2) \tag{III.2.55}
$$

これを (III.2.54) の右辺第2項に代入して

$$
\begin{aligned}
\text{分子（続き）}：& c^2(1+\mu'v/c^2)^2-\mu_1{}^2(1+\mu'v/c^2)^2 \\
=& (1+\mu'v/c^2)^2(c^2-\mu_1{}^2) \\
=& (1+\mu'v/c^2)^2c^2(1-\mu_1{}^2/c^2)
\end{aligned}
\tag{III.2.56}
$$

ここで (III.2.53) に戻ると，その右辺の分子は (III.2.56) として得られたので，

$$
\begin{aligned}
1-\mu_2{}^2/c^2 &= \frac{(1+\mu'v/c^2)^2c^2(1-\mu_1{}^2/c^2)}{(1-\mu'v/c^2)^2c^2} \\
&= \frac{(1+\mu'v/c^2)^2(1-\mu_1{}^2/c^2)}{(1-\mu'v/c^2)^2}
\end{aligned}
\tag{III.2.57}
$$

これより

$$
\frac{(1+\mu'v/c^2)^2}{(1-\mu'v/c^2)^2} = \frac{1-\mu_2{}^2/c^2}{1-\mu_1{}^2/c^2} \tag{III.2.58}
$$

両辺の平方根を求めることにより，(III.2.51) を得る．

▶ 質量の増加

(III.2.52) より，

$$
m_1\sqrt{1-\mu_1{}^2/c^2} = m_2\sqrt{1-\mu_2{}^2/c^2} = m_0 \tag{III.2.59}
$$

右辺の m_0 はここで初めて導入された量で，μ_1 (μ_2)〔静止系 K からみたときの粒子の速度〕が 0 のときの m_1 (m_2) の値なので，「静止質量」と呼ばれる．これを用いると，粒子 1 および 2 に共通の関係として，

$$
m = \frac{m_0}{\sqrt{1-v^2/c^2}} \tag{III.2.60}
$$

が導かれる．ここで v は粒子の速度である．すなわち，運動する粒子は，静止しているときよりも大きな質量をもつ．

▶ マクスウェル方程式の変換

先には，マクスウェル方程式にガリレイ変換を適用する試みをおこなったが（前章「マクスウェル方程式へのガリレイ変換の適用？」の項），ここではローレンツ変換を適用した結果を示す[11]．

系 K におけるマクスウェル方程式は（Ⅲ.1.4）〜（Ⅲ.1.6）に与えられているが，それにローレンツ変換を適用した結果は，まったく同じ形式で表現され（すなわち，相対性原理が満たされ），系 K′ に関わる量にダッシュを付けて表現すると，

$$\frac{1}{c}\frac{\partial E_x'}{\partial t'} = \frac{\partial H_z'}{\partial y'} - \frac{\partial H_y'}{\partial z'}, \quad \frac{1}{c}\frac{\partial E_y'}{\partial t'} = \frac{\partial H_x'}{\partial z'} - \frac{\partial H_z'}{\partial x'}, \quad \frac{1}{c}\frac{\partial E_z'}{\partial t'} = \frac{\partial H_y'}{\partial x'} - \frac{\partial H_x'}{\partial y'}$$
(Ⅲ.2.61)

$$\frac{1}{c}\frac{\partial H_x'}{\partial t'} = \frac{\partial E_y'}{\partial z'} - \frac{\partial E_z'}{\partial y'}, \quad \frac{1}{c}\frac{\partial H_y'}{\partial t'} = \frac{\partial E_z'}{\partial x'} - \frac{\partial E_x'}{\partial z'}, \quad \frac{1}{c}\frac{\partial H_z'}{\partial t'} = \frac{\partial E_x'}{\partial y'} - \frac{\partial E_y'}{\partial x'}$$
(Ⅲ.2.62)

$$\frac{\partial E_x'}{\partial x'} + \frac{\partial E_y'}{\partial y'} + \frac{\partial E_z'}{\partial z'} = 0, \quad \frac{\partial H_x'}{\partial x'} + \frac{\partial H_y'}{\partial y'} + \frac{\partial H_z'}{\partial z'} = 0 \quad (\text{Ⅲ}.2.63)$$

となる．

ローレンツ変換において

$$\beta = 1/\sqrt{1-v^2/c^2} \quad (\text{Ⅲ}.2.64)$$

という記号を導入すると，系 K および K′ における電場・磁場の各成分は，

$$E_x' = E_x, \quad E_y' = \beta(E_y - vH_z/c), \quad E_z' = \beta(E_z + vH_y/c) \quad (\text{Ⅲ}.2.65)$$
$$H_x' = H_x, \quad H_y' = \beta(H_y + vE_z/c), \quad H_z' = \beta(H_z - vE_y/c) \quad (\text{Ⅲ}.2.66)$$

の関係にある．すなわち，特殊相対性理論によれば，電場および磁場もその運動状態によって変化するのである．

---

[11] 変換のプロセスについては，補足「G マクスウェル方程式の変換」参照．

▶ 磁石と導体に関する解釈上の非対称の問題

　ここで，論文冒頭にアインシュタインが指摘したマクスウェル電磁気学の解釈上の非対称の問題（本章「はじめに」の項）に戻る．すなわち，磁石が運動し導体が静止している場合は磁石のまわりに電場が生じ，それにより導体に電流（電荷の流れ）が発生する．他方，磁石が静止し導体が運動する場合には，電場は存在しないけれども，その代わり導体中に起電力が生じ，それにより電流が発生するという解釈である．磁石と導体との相対運動が同じならまったく同じ現象が生じる．それにも関わらず，二つの場合で解釈が異なるのはおかしいではないか，という問題提起である．

　(III.2.65) に着目する．ここで v/c は微小量なので，その2次以上の項は無視することにする．その場合 $\beta \approx 1$ なので，(III.2.65) は

$$E_{x'} = E_x, \quad E_{y'} = E_y - vH_z/c, \quad E_{z'} = E_z + vH_y/c \qquad \text{(III.2.67)}$$

になる．これをベクトルで表示すると

$$\boldsymbol{E}' = \boldsymbol{E} + (\boldsymbol{v} \times \boldsymbol{H})/c \qquad \text{(III.2.68)}$$

ここで $\boldsymbol{v} = (v, 0, 0)$ である[12]．

　(III.2.68) は，電場 $\boldsymbol{E}$ および磁場 $\boldsymbol{H}$ が存在する静止系 K を，それに対する相対速度 $\boldsymbol{v}$ で運動する系 K′ からみたときの電場 $\boldsymbol{E}'$ である．これによれば，系 K に電場が存在しない場合でも，系 K′ には $\boldsymbol{E}' = (\boldsymbol{v} \times \boldsymbol{H})/c$ の電場が存在する．これが従来，「起電力」と呼ばれていたものである．磁石が静止し導体が運動する場合，確かに静止系には電場は存在しない．しかし，運動する導体に対して静止している系 K′（すなわち，導体からみた場合）には電場が存在し，それにより電流が発生するのである．

　電荷に対する電場の作用を知るには，その電荷が存在する場所における電場に着目しなければならない．それは場を電荷に対して静止している座標系に変換することによって得られる．

---

[12] (III.2.68) の両辺に電荷をかけると，「ローレンツ力」と呼ばれる量になる．すなわち，電場 $\boldsymbol{E}$ および磁場 $\boldsymbol{H}$ の中で，速度 $\boldsymbol{v}$ で運動する荷電粒子に作用する力である．

▶ 追記

「アインシュタインの特殊相対性理論は，マイケルソン-モーリーの実験（1887年のものが有名）を説明するために提起された」とする記述がいまだ一部にみられるようである．それは正しくない[13]．

当時，光は「エーテル」と呼ばれる媒体中を伝搬すると考えられていた．エーテルは宇宙全体を満たして静止しており，光はそれに対して速度 c で伝播する．マイケルソン-モーリーの実験は，そのエーテルに対する地球の相対運動を検出しようとする試みであった．地球は自転および公転をおこなっている．したがって，実験の精度・確度からして，そのような相対運動は検出されるはずであったが，結果は否定的であった．

アインシュタインは，マイケルソン-モーリーの実験の少なくともその一部は知っていたと思われる．特殊相対性理論の初報には「"光の媒質" に対する地球の相対運動を確立しようとする不成功に終わった試み」という表現が見出される．しかしアインシュタインは光速度不変の原理（真空中の光速度はいかなる座標系においても c であること）を確信していたのであり，そのような結果は「当然そうなるべきもの」であった．すなわち，絶対的に静止した光の媒質なるものは存在せず，したがってそれに対する地球の相対運動などは検出されるはずもなかったのである．

マイケル・ポラニーは，「アインシュタインの特殊相対性理論は，マイケルソン-モーリーの実験を説明するために提起された」という通常の教科書による記述は，「ねつ造であり，哲学的偏見の産物である」と断定している．エーテルに対する地球の相対運動を検出しようとする実験は，特殊相対性理論が提起されたあともつづけられ，「正の効果」もいくどか報告された．それは特殊相対性理論を実験的に反証するものであった．1925年12月29日には，当時アメリカ物理学会会長であったミラーが会長演説において，圧倒的な証拠をもってこの正の効果の報告をおこなった．しかし，学会ではこの実験にほとんど注意

---

13) これについては，西尾成子編『アインシュタイン研究』中央公論社（1977）におけるジェラルド・ホルトンや広重徹の論文参照．

が払われず,その証拠はいずれ誤りであることが明らかになるであろうということで,棚上げされてしまったのである[14].

---

14) M. Polanyi, *Personal Knowledge* (1958, 1962)／長尾史郎訳『個人的知識』ハーベスト社 (1985), pp.11-13.

3章 物体の慣性はそのエネルギー含量に依存するか？

▶はじめに

本章では有名な公式 $E=mc^2$ の導出をおこなう．この公式は前報（81ページの脚注1）と同じ1905年に発表されたものであるが，本章の記述は，とくに注記するまで，前章のつづきである．続報の内容は大きく前報に依存するからである．

▶電磁波の方程式

マクスウェル方程式を満たす電磁波の方程式は，たとえば

$$E_x = E_{x0}\sin\varphi, \quad E_y = E_{y0}\sin\varphi, \quad E_z = E_{z0}\sin\varphi \qquad (\text{III}.3.1)$$

$$H_x = H_{x0}\sin\varphi, \quad H_y = H_{y0}\sin\varphi, \quad H_z = H_{z0}\sin\varphi \qquad (\text{III}.3.2)$$

のように書くことができる．ここで，

$$\varphi = \omega(t-x/c) \qquad (\text{III}.3.3)$$

は位相と呼ばれる量であり，ω は波動の角振動数，また E_{x0} 等および H_{x0} 等は，それぞれ電場成分および磁場成分の振幅である．

これらの方程式が表すのは x 軸方向に光速度 c で伝播する波であり，角振動数 ω は振動数 ν と

$$\nu = \omega/2\pi \qquad (\text{III}.3.4)$$

の関係にある[1]．

▶電磁波の振幅

(III.3.1)～(III.3.3)をマクスウェル方程式(III.1.4)の最初の式に代入すると，

---

[1] アインシュタインの原論文では，波の方向は一般化して扱っており，x 軸方向に限定されているわけではない．

$$\frac{\partial E_x}{\partial t} = \omega E_{x0} \cos\varphi, \quad \frac{\partial H_z}{\partial y} = 0, \quad \frac{\partial H_y}{\partial z} = 0 \tag{III.3.5}$$

なので[2]，

$$E_{x0} = 0 \tag{III.3.6}$$

以下同様にして電磁波の方程式をマクスウェル方程式に代入すると，

$$E_{y0} = H_{z0}, \quad E_{z0} = -H_{y0} \tag{III.3.7}$$

$$H_{x0} = 0, \quad H_{y0} = -E_{z0}, \quad H_{z0} = E_{y0} \tag{III.3.8}$$

の諸関係を得る．

ここでは，

$$(E_{x0})^2 + (E_{y0})^2 + (E_{z0})^2 = (H_{x0})^2 + (H_{y0})^2 + (H_{z0})^2 \tag{III.3.9}$$

が成立している．この式の左辺は電場の振幅の2乗，右辺は磁場の振幅の2乗である．すなわち，電場の振幅ベクトルと磁場の振幅ベクトルの大きさは等しい．また，この波は x 軸方向に進行しており，電場および磁場はそれに垂直な方向の成分のみを有する〔(III.3.6)～(III.3.8)〕．すなわち，電場および磁場の振動方向は波の進行方向に垂直である．さらに

$$E_{x0} \cdot H_{x0} + E_{y0} \cdot H_{y0} + E_{z0} \cdot H_{z0} = 0 \tag{III.3.10}$$

が成立しており，電場の振幅ベクトルと磁場の振幅ベクトルは互いに垂直であることがわかる．以上は，電磁波について一般によく知られた性質である．

▶ 位相の変換

(III.3.3) に与えられた位相を系 K′ に変換する．そのためにローレンツ変換を逆に解いた (III.2.35) および (III.2.36) より〔(III.2.64) の β を用いて〕

$$x = \beta(x' + vt') \tag{III.3.11}$$

$$t = \beta(t' + vx'/c^2) \tag{III.3.12}$$

これを (III.3.3) に代入し，位相の記号にダッシュを付けて系 K′ のものであることを示すと，

$$\varphi' = \omega\left[\left(\beta(t' + vx'/c^2) - \frac{1}{c}\beta(x' + vt')\right)\right] = \omega\beta\left(1 - \frac{v}{c}\right)(t' - x'/c) \tag{III.3.13}$$

---

[2] $\cos\varphi$ は振動する量であり，一般には $\cos\varphi \neq 0$ である．

ここで

$$\omega' = \omega\beta\left(1-\frac{v}{c}\right) \tag{III.3.14}$$

と定義すると,

$$\varphi' = \omega'(t'-x'/c) \tag{III.3.15}$$

を得る．これは（III.3.3）と同一の形式をしており，ω' は系 K′ における角振動数である[3]．また，導出過程から明らかなように,

$$\varphi' = \varphi \tag{III.3.16}$$

である．

▶ 電磁波の方程式の変換

電磁波の方程式（III.3.1）および（III.3.2）を系 K′ に変換したものは，相対性原理により,

$$E_x' = E_{x0}'\sin\varphi', \quad E_y' = E_{y0}'\sin\varphi', \quad E_z' = E_{z0}'\sin\varphi' \tag{III.3.17}$$

$$H_x' = H_{x0}'\sin\varphi', \quad H_y' = H_{y0}'\sin\varphi', \quad H_z' = H_{z0}'\sin\varphi' \tag{III.3.18}$$

と表現される．そして，ここにおいて，（III.2.65）および（III.2.66）に対応した振幅の間の関係,

$$E_{x0}' = E_{x0}, \quad E_{y0}' = \beta(E_{y0}-vH_{z0}/c), \quad E_{z0}' = \beta(E_{z0}+vH_{y0}/c) \tag{III.3.19}$$

$$H_{x0}' = H_{x0}, \quad H_{y0}' = \beta(H_{y0}+vE_{z0}/c), \quad H_{z0}' = \beta(H_{z0}-vE_{y0}/c) \tag{III.3.20}$$

が得られる[4]．

▶ 電磁波のエネルギー密度とその変換

電磁波のエネルギー密度（単位体積あたりのエネルギー）は

$$A^2 = (E_{x0})^2+(E_{y0})^2+(E_{z0})^2 = (H_{x0})^2+(H_{y0})^2+(H_{z0})^2 \tag{III.3.21}$$

に比例することが知られている〔右の等号は（III.3.9）〕．系 K′ においても同様に，そのエネルギー密度は

---

[3] これは相対速度による振動数の変化であり，光（電磁波）のドップラー効果を表す.
[4] （III.3.1）および（III.3.2）に（III.3.16）の $\varphi=\varphi'$ を代入し，それらを（III.2.65）および（III.2.66）の (E_x, E_y, E_z), (H_x, H_y, H_z) に代入したあと，（III.3.17）および（III.3.18）と比較すれば得られる.

$$A'^2 = (E_{x0}')^2 + (E_{y0}')^2 + (E_{z0}')^2 = (H_{x0}')^2 + (H_{y0}')^2 + (H_{z0}')^2 \tag{III.3.22}$$

に比例する.

ここで, $A'^2 = (E_{x0}')^2 + (E_{y0}')^2 + (E_{z0}')^2$ を系Kに変換してみる. まず (III.3.19) を用いて,

$$A'^2 = (E_{x0})^2 + \beta^2(E_{y0} - vH_{z0}/c)^2 + \beta^2(E_{z0} + vH_{y0}/c)^2 \tag{III.3.23}$$

これに対し, (III.3.8) の関係を用いて, 磁場の成分を消去すると, ($E_{x0} = 0$ に注意して)

$$\begin{aligned} A'^2 &= \beta^2(E_{y0} - vE_{y0}/c)^2 + \beta^2(E_{z0} - vE_{z0}/c)^2 \\ &= \beta^2 E_{y0}{}^2(1-v/c)^2 + \beta^2 E_{z0}{}^2(1-v/c)^2 = \beta^2(E_{y0}{}^2 + E_{z0}{}^2)(1-v/c)^2 \end{aligned} \tag{III.3.24}$$

いまは $E_{x0} = 0$ なので $(E_{y0})^2 + (E_{z0})^2 = A^2$ であるから, (III.3.24) より,

$$A'^2 = \beta^2 A^2 (1-v/c)^2 \tag{III.3.25}$$

を得る.

▶ エネルギーの変換

いま光線の束が系Kの x 軸方向に進行しているとし, その光線の束に含まれ光線と同じ方向・同じ速度で運動する半径 R の球を想像する. その球は次の方程式で表現される:

$$(x - ct)^2 + y^2 + z^2 = R^2 \tag{III.3.26}$$

この球はつねに同一の光線の束を含みつづけ, その体積は

$$S = 4\pi R^3/3 \tag{III.3.27}$$

である.

この球は運動系K′でみるといかなる形態および体積を有するのか. $t' = 0$ の瞬間においては, ローレンツの逆変換 (III.3.11) および (III.3.12) によれば,

$$x = \beta x' \tag{III.3.28}$$
$$t = \beta v x'/c^2 \tag{III.3.29}$$

これら〔および (III.2.28)〕を (III.3.26) に代入して

$$(\beta x' - \beta v x'/c)^2 + y'^2 + z'^2 = R^2 \tag{III.3.30}$$

すなわち,

$$\frac{x'^2}{\left(\dfrac{R}{\beta\left(1-\dfrac{v}{c}\right)}\right)^2}+\frac{y'^2}{R^2}+\frac{z'^2}{R^2}=1 \tag{III.3.31}$$

これは楕円体であり，その体積は

$$S'=\frac{4}{3}\pi R^3 \frac{1}{\beta\left(1-\dfrac{v}{c}\right)} \tag{III.3.32}$$

である．

電磁波のエネルギー密度は A^2 に比例し，またいま着目している体積は S なので，系 K と K' での電磁波のエネルギーの比は

$$\frac{E'}{E}=\frac{A'^2}{A^2}\cdot\frac{S'}{S} \tag{III.3.33}$$

で与えられる．ここで振幅の比 A'^2/A^2〔(III.3.25)〕および体積の比 S'/S〔(III.3.32) と (III.3.27)〕を考慮すると

$$\frac{E'}{E}=\beta^2\left(1-\frac{v}{c}\right)^2\cdot\frac{1}{\beta\left(1-\dfrac{v}{c}\right)}=\beta\left(1-\frac{v}{c}\right) \tag{III.3.34}$$

(III.2.64) により β をもとに戻して，

$$\frac{E'}{E}=\frac{1-\dfrac{v}{c}}{\sqrt{1-\dfrac{v^2}{c^2}}} \tag{III.3.35}$$

を得る．

▶ エネルギー保存の法則

系 K の x 軸上に静止した物体があり，そのエネルギーは E_0 であるとする[5]．この物体が x 軸方向にエネルギー $L/2$ の光を発射し，同時に同じエネ

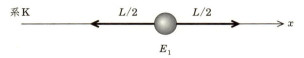

図Ⅲ.3 x 軸上の物体による光の放出

系Kの x 軸上の物体が逆向きに二つの光線を発射する。光線のエネルギーはそれぞれ $L/2$, また光線発射前の物体のエネルギーは E_0。発射後は E_1 とすると、エネルギー保存の法則より $E_0 = E_1 + (L/2 + L/2)$ が成立する。

ギーの光をその正反対の方向に発射したとする。ここでその物体は系Kに静止したままで、光発射後のそのエネルギーを E_1 とする〔図Ⅲ.3〕。この過程ではエネルギー保存の法則が成立しなければならず、したがって

$$E_0 = E_1 + (L/2 + L/2) \tag{Ⅲ.3.36}$$

を得る。

この過程を系K′で観測したとする。x 軸方向に発射された光のエネルギーは（Ⅲ.3.35）にしたがって変換される。他方、x 軸の負の方向に発射された光については、（Ⅲ.3.35）で想定された方向とは逆なので、c を $-c$ に置き換えて公式を用いると、（Ⅲ.3.36）に対応して系K′では

$$E_0' = E_1' + \left[\frac{L}{2} \frac{1-\dfrac{v}{c}}{\sqrt{1-\dfrac{v^2}{c^2}}} + \frac{L}{2} \frac{1+\dfrac{v}{c}}{\sqrt{1-\dfrac{v^2}{c^2}}} \right] = E_1' + \frac{L}{\sqrt{1-\dfrac{v^2}{c^2}}} \tag{Ⅲ.3.37}$$

が成立する。ここで E_0' および E_1' はそれぞれ、系K′で観測した光発射前および光発射後の物体のエネルギーである。

▶ 運動エネルギー

（Ⅲ.3.37）と（Ⅲ.3.36）との間で引き算をおこなうと、

---

5) これ以降の内容は次の文献にもとづく：A. Einstein, "Ist die Trägheit eines Körpers von seinem Energieinhalt abhängig?", *Annalen der Physik*, 18 (1905), pp.639–641. これが特殊相対性理論の「続報」であり、同年に発表されている。

$$(E_0' - E_0) - (E_1' - E_1) = L\left(\frac{1}{\sqrt{1-\frac{v^2}{c^2}}} - 1\right) \qquad (\text{III}.3.38)$$

ここに現れた $E' - E$ という形の二つの差は単純な意味をもつ．すなわち，一方では物体は静止しており，他方では速度 v で運動しているので，その差は物体の運動エネルギー K と一致する．そこで，

$$E_0' - E_0 = K_0 \qquad (\text{III}.3.39)$$
$$E_1' - E_1 = K_1 \qquad (\text{III}.3.40)$$

とおくことができる[6]．ここで K_0 は光発射前の，また K_1 は光発射後の運動エネルギーである．したがって，（III.3.38）〜（III.3.40）より，

$$K_0 - K_1 = L\left(\frac{1}{\sqrt{1-\frac{v^2}{c^2}}} - 1\right) \qquad (\text{III}.3.41)$$

すなわち，物体の運動エネルギーは光の放出の結果減少する．そしてその減少量は，物体の性質に依存しない．

▶ エネルギーは慣性（質量）を有する

x が微小量のとき，一般に近似式

$$(1+x)^n \approx 1 + nx \qquad (\text{III}.3.42)$$

が成立する．これを用いると，v^2/c^2 は微小量なので，

$$\frac{1}{\sqrt{1-\frac{v^2}{c^2}}} = \left(1-\frac{v^2}{c^2}\right)^{-\frac{1}{2}} \approx 1 + \frac{v^2}{2c^2} \qquad (\text{III}.3.43)$$

これを（III.3.41）に代入すると

$$K_0 - K_1 = \frac{1}{2}\frac{L}{c^2}v^2 \qquad (\text{III}.3.44)$$

---

[6] アインシュタインは「付加的定数 C」を（III.3.39）と（III.3.40）の右辺に加えている．この定数はエネルギーの基準を規定すれば決定されるものであろう．いずれにせよ，次の引き算（III.3.41）で，この C は消えてしまう．現在の運動エネルギーの表式によれば，定数 C は不要と思われる．そこでは E' は物体のエネルギー，E はその静止（質量）エネルギーである．

が得られる.

(Ⅲ.3.44) は,物体がエネルギーを放出したときの運動エネルギーの減少量である.運動エネルギーは通常,物体の質量を m とすると,$mv^2/2$ と表現される.これを (Ⅲ.3.44) とくらべると,

$$m = L/c^2 \qquad\qquad (\text{Ⅲ}.3.45)$$

となり[7],物体が電磁輻射として L のエネルギーを放出したとすると,その質量は L/c^2 だけ減少することになる.物体から奪われるエネルギーがとくに輻射に転ずるということは明らかに本質的なことではない.したがって次の一般的帰結に導かれる.すなわち,物体の質量はそのエネルギー含量の一つの尺度であり,エネルギーを L だけ増減させたとすると,その質量は L/c^2 だけ増減する.

▶ 理論の検証

たとえば,ラジウム化合物では放射性崩壊により莫大なエネルギーが放出される.このエネルギー放出に伴う質量の減少を測定することで,この理論の検証に成功する可能性がある.

---

[7] ここでエネルギー L を E と表現すれば,$E = mc^2$ である.

4章 一般相対性理論

▶ はじめに

アインシュタインの諸理論のほとんどは，その第1報において，ほぼ完成された形で与えられている．特殊相対性理論もそうである．それに対し，一般相対性理論については，論文上でも試行錯誤が見出される．その数学的手段（テンソル）を含め，アインシュタインにとって難物だったのである．

▶ 特殊相対性理論と古典力学との共通性

相対性理論は「相対性原理」にもとづく．相対性原理は「物理法則はすべての座標系において同じ形式で記述される」ことを主張する．ただし，すべての座標系といっても，ニュートン力学および特殊相対性理論の諸法則は，慣性系と呼ばれる特別な座標系においてしか成立しない．したがって，そこでの相対性原理は，「特殊相対性原理」とでも呼ばれるべきものである[1]．この点，特殊相対性理論は古典力学と何ら異なるものではない．

特殊相対性理論と古典力学との違いは光速度不変の原理によりもたらされたものであり，それにより時間-空間の概念は大きな修正を受けることになった．しかし，これについても，一つの重要な点はもとのままである．それは，時間・空間座標が直接の計量的意味をもっているということである．あるいは，同じことであるが，静止系に対して静止している剛体上に任意の2点を定めれば，それはつねにある決まった長さに対応し，しかもその位置や方向，および測定時刻には無関係である．同様に，静止系に対して静止している時計の針の位置を2回指定すれば，それはつねにある決まった時間に対応し，しかもその時計の位置や測定時刻には無関係である[2]．しかし，空間および時間のこのよ

---

[1] これ以降の内容は次の文献にもとづく：A. Einstein, "Die Grundlage der allgemeinen Relativitätstheorie", *Annalen der Physik*, 49 (1916), pp.769-822.
[2] 「ものさしの短縮」や「時計の遅れ」は静止系に対して運動している場合である．

うな性質は，これから展開する一般相対性理論では成立しないのである[3]．

▶ 互いに相手に対して回転する二つの塊の形状の差異

アインシュタインによれば，古典力学は認識論的欠陥をもっている．そして，特殊相対性理論もそれを引き継いでいる．この欠陥を初めて指摘したのは，おそらくマッハ（E. Mach, 1838-1916）である．これを次の例で明らかにする．

いま二つの流体の塊（S_1 および S_2）が，互いに相手から十分に離れ（そして相手以外のすべての物体からも十分に離れ），空間に存在するものと考える〔図Ⅲ.4〕．この二つの塊は同じ種類の物質からなり，またその量も同じである．両者間の距離は一定であり，それぞれは両者を結ぶ直線を軸として，互いに対し一定の角速度で回転している．そして，互いに相対的に静止しているものさしで測定したところ，一方の S_1 の形状は球で，他方の S_2 は回転楕円体であったとする[4]．

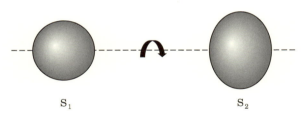

図Ⅲ.4　二つの回転する塊
同種・同量の流体からなる二つの塊が両者を結ぶ直線を軸として，互いに対し一定の角速度で回転している．このとき，一方の S_1 は球であり，他方の S_2 は回転楕円体である．

---

3) アインシュタインは，「座標は直接的な計量的意味をもっているに違いないという考えから自らを解き放つこと」を主たる内容として「七年もの歳月が必要であった」と書いている．『自伝ノート』（既出），pp.84-85．
4) もったいぶった舞台説明なので，混乱を防ぐため，専門家向きではないが，タネを明かしておく．S_1 は慣性系に対して静止した球形の塊である．他方 S_2 は，S_1 との間を結ぶ直線を軸として一定の角速度で回転しているので，遠心力により軸に垂直な方向に力が作用して楕円体となっているのである．このような運動は，一度初速度を与えられれば，理論的には永久に継続する．だから，S_1 と S_2 しか存在しない系においてこの現象を観察したとすれば，非常に不思議な感じがするであろう．

いかなる原因によりS_1とS_2は異なった形になるのか．アインシュタインは，この質問に対する答えは，その原因が観測可能な事実である場合にかぎって，認識論的に承認できるとする．なぜなら，経験的世界についての因果律が意味をもつのは，原因および結果として現れるものがすべて，観測可能な事実であるときだけだからである．

マッハ

ニュートン力学は上の質問に対して満足な解答を与えない．その答えとは，たとえば，S_1が静止している空間R_1に対しては力学の法則が成立する．その法則を用いて両者の形状の違いが説明できる，というものである．しかし，アインシュタインによれば，ここでもち出された空間R_1は純粋な想像物に過ぎない．それは観測可能なものではない．したがって，ニュートン力学は，ここで扱った事例について，因果性の要求を満たしていない．観測されたS_1とS_2の形状の差異を想像上の原因R_1に帰して，因果性について架空の満足を与えるだけである．

▶ 相対性原理の拡張の必要

系がS_1とS_2だけから構成されているとすれば，実際，両者の形状の差異に対する原因と考えられるものは何も存在しない．両者は互いに他に対して回転運動をしており，またどちらも同種・同量の物質である．一方を基準に選ばなければならない理由はない．ここで，認識論的問題を再発させぬためには，互いに相対的に運動するすべての空間は，いずれも先験的に特別視することはできないと考えるべきであろう．そこで，「物理学の法則はどんな運動をしている基準系においても成立すべきである」という一般相対性原理が要請されるのである．

このような認識論的問題のほかに，特殊相対性原理の拡張を正当化するよく知られた物理的事実がある．次にそれを述べる．

▶ 慣性質量と重力質量

ニュートン力学には，根本的に異なる2種の質量が存在する．慣性質量と重

エトヴェシュ

力質量である．ニュートンの運動方程式によれば，物体に力が加えられたとき，それに比例する加速度が生じる．その比例定数の逆数が慣性質量である．他方，重力質量は引力の法則にもとづくもので，たとえば秤により測定できる．両者は理論的にはまったく独立な概念である．しかし，両者の比が物体の種類によらず一定であることは，ずっと以前より知られていた．

アインシュタインはエトヴェシュ（L. Eötvös, 1848-1919）の実験（1890年）を引用している[5]．この実験は次のような考えにもとづくものである．地球上に静止している物体には重力とともに地球の自転にもとづく遠心力が作用する．重力は重力質量に比例し，遠心力は慣性質量に比例する．そこで仮に，慣性質量と重力質量の比が一定でなければ，両者の合力，すなわちみかけの重力の方向は物体の性質によって変化することになる．エトヴェシュは，不均一な剛体を用いて，その各部分に働くみかけの重力の方向の違いがねじれとして検出できる装置を工夫し，そのようなねじれは存在しないことを細心の注意を払って確認した．それによれば，2種の質量の比は，彼が対象とした物体については，次のような高い精度で物体の性質に無関係であることを示した．すなわち，質量比 η が物体によって異なるとしてその差を $\Delta\eta$ とするとき，$\Delta\eta/\eta < 0.5\times 10^{-7}$ でなければならないことを実証した．

放射性物質の崩壊に際してはかなりのエネルギーが放出される[6]．このエネルギーの損失に伴う慣性質量の減少は特殊相対性理論により算出できる．たとえばラジウムの崩壊では，質量の減少量は全質量の1/10000（10^{-4}）である．もしこのような慣性質量の変化に重力質量の変化が伴わないのであれば，慣性質量と重力質量との差が生じるはずである．しかもこの差は，エトヴェシュの実験で検出可能な量である[7]．したがって，慣性質量と重力質量とが一致する[8]という法則が自然界で正確に成立していると考えることは，きわめて確か

---

5) これ以降の内容は次の文献にもとづく：A. Einstein, "Entwurf einer verallgemeinerten Relativitätstheorie und eine Theorie der Gravitation. I. Physikalischer Teil", *Zeitschrift für Mathematik und Physik*, **62** (1913), pp.225-261.
6) 104ページ参照．

らしいとみなされなければならない．

▶ 等価仮説

　アインシュタインの一般相対性理論および重力論は，次のような確信にもとづく．すなわち，慣性質量と重力質量の比が物体の種類に関わらず一定であることは，つねに厳密に成立する自然法則であり，これは理論物理学の基礎として当然，公式化されるべきものであるという確信である．この確信の内容は「等価仮説」[9]と呼ばれる．

　いま座標系Kを古典力学（および特殊相対性理論）でいう慣性系であるとする[10]．すなわち，この座標系からみたとき，他の物体から十分に離れた（すなわち他から力を受けない）物体は一様な速度で直線運動をする．他方，第二の座標系をkとし，これは系Kに対して一定の加速度で並進運動をしているものとする．そうすると，他の物体から十分に離れた物体は，系kに対して一定の加速度で運動していることになる．そして，その加速度の大きさと方向は，その物体の性質には無関係である．

　ところで，この系kに対して静止している観測者は，自分は加速度運動をしている系にいると考えるであろうか．そうではないだろう．他の物体から十分に離れた物体の運動は，系kからみて，次のように解釈できる．すなわち，系kは加速度運動をしていない．しかし，そこには重力場が存在する．この重力場が物体の加速度運動を引き起こしているという解釈である．なお，重力場は系kに静止している観測者にも作用する．したがって観測者は習慣によって，加速度が作用する方向を「下」と呼ぶであろう．

　このような解釈ができるのは，われわれが経験的に「重力場はすべての物体に同じ方向（「下」向き）の同一加速度を与える」ことを知っているからであ

---

7) ここでは，慣性質量と重量質量の差が生じるとすれば，どの程度のオーダーなのかを示したものと思われる．その差が生じるとして，それがどの程度になり得るのかをわれわれはまったく予想できないのである．
8) 両者の比が物体の種類に関わらず一定であるなら，質量測定における単位物質を共通にすれば，両者は一致することになる．
9) 現在の「等価原理」のことである．
10) ここで105ページ脚注1の文献に戻る．

る．これは重力場の注目すべき特徴であって，等価仮説にもとづく．すなわち，ニュートンの運動方程式によれば，「力＝慣性質量×加速度」である．いまは重力場について考えており，力は重力すなわち「重力質量×重力場の強さ」であるから，「重力質量×重力場の強さ＝慣性質量×加速度」という関係が成立し，したがって，

加速度＝（重力質量／慣性質量）×重力場の強さ　　　　　(Ⅲ.4.1)

となる．ここで等価仮説により（重力質量／慣性質量）は一定なので，与えられた重力場における加速度は，物体の性質や状態に関わりなくつねに同一となる．

▶ 一般相対性原理へ

系kからみたときの物体の力学的振る舞いは，われわれが通常，静止している（ただし，重力場は存在する）とみなすような座標系を基準としたときのものと同じである．したがって，物理学的立場からは次のように仮定することが可能である．すなわち系Kおよびkは，どちらも「静止系」とみなすことができる．あるいは，二つの座標系は，現象を物理的に記述するための基準系として同等である．こうして，慣性系の概念は，相対化されるのである．

以上の考察から，一般相対性理論を探究することは同時に，重力の理論を導くことになることがわかる．というのは，（いま上でみたように）座標系の変換によって，重力場を「創造」できるからである．また，光速度不変の原理も修正されなければならないであろう．というのは，光線が系Kに対し一定の速度で直線的に伝播するなら，系kからみたときの光線の経路は一般に湾曲することが予測されるからである[11]．

▶ 座標の計量的意味の変更

重力場が存在しない空間の中に，先ほどの系Kを設定する．すなわち，こ

---

11) ここでは，加速度をもった系への単純な座標変換の問題として，重力場中で水平に発射された質点が放物線を描くことに類似した効果を想像しておけばよいであろう．また，光線の束が湾曲することを考えると，湾曲の外側の光線の速度は内側のものより速いことになる．

こでは他から力を受けない物体は一様な速度で直線運動をする．他方，系K に対して一様な角速度で回転する比較的に大きな円盤kを考える．このよう な円盤には，系Kからみると，回転の中心に向かう加速度の存在することが 知られている．ここで，測量のための基準単位として，長さの等しい（ただ し，円盤の大きさにくらべて十分に短い）棒を多数用意しておく．いま円盤を 系Kに対して静止させ，棒を並べてその円周/直径の比を測ったとすると，そ の値はπのはずである．それに対し，円盤が回転している場合は，円周上の 棒はその長さ方向に一定速度で運動しているので，特殊相対性理論の効果に よって，系Kからみるとその長さは短くなる[12]．他方，直径上に並べられた棒 の運動には長さ方向の速度成分はなく，したがって短縮は観測されない．そ のため，系Kからみると，円周/直径$<\pi$となる．すなわち，回転する円盤k ではユークリッド幾何学が成立していない．古典力学でも特殊相対性理論で も，計量においてはユークリッド幾何学の成立することが前提である[13]．

　同様にして，同じ構造の時計を，一つは回転する円盤kの中心に，もう一 つをその円周上に置いたとする．すると，系Kからみて，円周上の時計は中 心に置かれた時計よりもゆっくりと進む．円周上の時計は一定速度で運動して おり，中心にある時計は静止しているからである[14]．同じことは円盤の中心に 静止した人にとっても観測されるであろう[15]．ただしこの観測者に対しては， 二つの時計は静止しているのである．重力および加速度の存在しない系Kの 観測者にとって，円盤の中心と円周上での時計の振る舞いの違いは，特殊相対 性理論によって理解できる．他方，加速度の存在する円盤kの中心に静止し た観測者にとっては，（時間・空間に関する特殊な法則でも考え出さない限り） この系では時計の進み方はその位置によって異なることを認めなければならな

---

[12] 2章「ものさしの短縮」の項参照．

[13] 各事象の座標とは，事象の生じた点を，ユークリッド幾何学の法則にしたがって，各座標軸上に 射影したものである．

[14] 2章「時計の遅れ」の項参照．円盤の中心（にある時計）は系Kに対する速度をもっていない． なお，この円盤の例では，ものさしと時計の振る舞いは速度にのみ関係し加速度には関係しな い，あるいは少なくとも加速度の影響は速度の影響よりもはるかに小さいと仮定されている．

[15] 円盤の中心にいる観測者は系Kに対する速度をもっていないので，時計の進みは系Kと同じよ うに見えるということであろう．

いであろう．

　この回転する円盤の例は，曲面の二次元的取り扱いに現れる事態とよく似ている．曲面上では円周率（円周/直径）はπからずれる．また，その座標の様子は，図Ⅲ.5に模式的に示す通りであり，したがってわれわれは次の結論に到達する．すなわち，加速度の存在する系を扱う一般相対性理論においては，2点間の空間座標の差が直接に単位ものさしによって，また時間の差が標準時計によって測定できるように，空間および時間の尺度を定義することはできない．

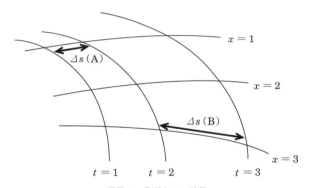

図Ⅲ.5　曲面上での計量
二次元曲面上では，$\Delta x = 0$における$\Delta t = 1$の場合でも，その距離Δsは場所により異なる．たとえば，$\Delta s(A)$と$\Delta s(B)$はともに$\Delta t = 1$ ($\Delta x = 0$) である．

▶ ガウスの曲面論

　ガウス（C. F. Gauss, 1777-1855）はその曲面論において曲線座標を導入した[16]．この曲線座標は，連続の条件を満たすことを除けば，まったくの任意であって，あとになって初めて，これらは曲面の計量的性質に結びつけられるの

---

16) これ以降の内容は次の文献にもとづく：A. Einstein, *The Meaning of Relativity* (5th ed., 1955)／矢野健太郎訳『相対論の意味』岩波書店（1958），pp.64-68．本書の表現は必ずしも矢野訳とは一致していない．

である.これと同様な方法によって,一般相対性理論においては任意の座標 x^1, x^2, x^3, x^4 を導入する[17].これらは時空の点を一義的に指定し,また近接した事象には座標の近接した値が対応するが,座標自体の選び方はまったくの任意である.物理法則がこのように任意の四次元座標系に関して成立するような形式を与えるなら,あるいは法則を表す方程式が任意の座標変換に対して不変[18]であるなら,これは一般相対性原理の要請を満たすことになる.

ガウス

ガウスの曲面論と一般相対性理論との最も重要な共通点は,両理論の主要概念が基礎とする計量的性質にある.曲面論におけるガウスの考えは次の通りである.平面の幾何学は,2点間の距離 ds という概念の上に建設できる.この概念は物理的に意味がある.それは剛体のものさしによって直接に測定できる.また,デカルト座標系を適当に選べば,この距離は $ds^2 = (dx^1)^2 + (dx^2)^2$ と表現できる.ユークリッド平面幾何学を構成する直線(測地線),間隔,円,角度などの概念は,この量にもとづく.

他方,曲面の無限に小さな一部分は,無限小の量の範囲では,平面とみなすことができる.曲面のこのような小部分にはデカルト座標 (X^1, X^2) が設定でき,ものさしで測った2点間の距離は

$$ds^2 = (dX^1)^2 + (dX^2)^2 \tag{III.4.2}$$

で与えられる.

ところで,(X^1, X^2) は曲面上にあるので,そこに任意の曲線座標 (x^1, x^2) を導入すれば,X^1 および X^2 はそれぞれ x^1 および x^2 の関数なので,

$$dX^1 = \frac{\partial X^1}{\partial x^1}dx^1 + \frac{\partial X^1}{\partial x^2}dx^2, \quad dX^2 = \frac{\partial X^2}{\partial x^1}dx^1 + \frac{\partial X^2}{\partial x^2}dx^2 \tag{III.4.3}$$

の関係が成立する.そこでこれらを(III.4.2)に代入すると,

---

17) ここでは,たとえば $x^1 = x, x^2 = y, x^3 = z, x^4 = ct$ である(上つきの数字はベキを表しているのではない).時間座標 t には光速度 c をかけ,全体を長さの単位で統一しているのである.
18) ある座標系で表現した方程式が,いかなる座標変換をしても同じ形で成立するとき,その方程式は共変であるという.

$$ds^2 = g_{11}(dx^1)^2 + 2g_{12}dx^1 dx^2 + g_{22}(dx^2)^2 \tag{III.4.4}$$

の形式の関係を得る[19]．ここで，g_{11}, g_{12}, g_{22} は (x^1, x^2) の関数であり，図III.5に大まかに描いたような，曲面の曲がり具合を表すものである．

なお，(III.4.2) の ds^2 は曲面上の無限小部分にしか適用できないが，(III.4.4) では積分によって有限の長さを算出することができる．

▶ 一般相対性理論の場合

一般相対性理論においてもこれと似た関係がある．重力場の中で自由落下しつつある観測者の直接の近傍には重力場は存在しない[20]．したがって，無限小の四次元領域については，座標系を適当に選んだ場合，すなわち自由落下する系への座標変換によって，特殊相対性理論が成立する座標系 (X^1, X^2, X^3, X^4) をつくり出すことができる[21]．特殊相対性理論においては，(III.2.29) および (III.2.28) から明らかなように，$x^2+y^2+z^2-c^2t^2$ はローレンツ変換に対して不変である[22]．したがって，$x=X^1, y=X^2, z=X^3, ct=X^4$ の置き換えをおこなうと，ものさしと時計とによって直接に測定できる量，

$$ds^2 = (dX^1)^2 + (dX^2)^2 + (dX^3)^2 - (dX^4)^2 \tag{III.4.5}$$

は，座標系 (X^1, X^2, X^3, X^4) の方向に無関係な値をもつ．これは，(III.4.2) の ds^2 が，デカルト座標 (X^1, X^2) の設定の仕方に関わらぬ値をもつことと同じである．

ここで，四次元空間に対し任意に選ばれた座標系 (x^1, x^2, x^3, x^4) を設定すると，(III.4.3) に対応して，

$$dX^1 = \frac{\partial X^1}{\partial x^1}dx^1 + \frac{\partial X^1}{\partial x^2}dx^2 + \frac{\partial X^1}{\partial x^3}dx^3 + \frac{\partial X^1}{\partial x^4}dx^4 \tag{III.4.6}$$

---

19) ここでの g_{11}, g_{12}, g_{22} の内容については，補足「H ガウスの曲面上の距離」参照．
20) 観測者は重力場の中で加速度運動をしている．加速度運動をする系には，加速度とは逆向きの慣性力（みかけの力）が作用する．この慣性力が重力を相殺し，そのため無重力状態（＝慣性系；1章の「慣性系」の項参照）と等価になるのである．
21) このことは，重力場による加速度の方向が一様とみなされる領域に限られる．この領域は「局所（座標）系」と呼ばれる．
22) $x^2+y^2+z^2-c^2t^2$ を形式的に (x, y, z, ict) 空間（$i \equiv \sqrt{-1}$）で扱うと，$x^2+y^2+z^2+(ict)^2 = x^2+y^2+z^2-c^2t^2$ であるから，ds^2 は (x, y, z, ict) 空間での2点間の距離の2乗に対応する．この量は空間の設定の仕方に依存しない．

等 (dX^2, dX^3, dX^4 にも同様) の関係が成立し，これらを (Ⅲ.4.5) に代入することによって，(Ⅲ.4.4) に対応した

$$ds^2 = \sum_{j,k=1}^{4} g_{jk}\,dx^j dx^k \qquad (Ⅲ.4.7)$$

リーマン

の形式の関係を得る．ここで，g_{jk} は (x^1, x^2, x^3, x^4) の関数であり，時空連続体の計量関係および重力場を表す．

座標系 (x^1, x^2, x^3, x^4) は任意に設定できる．したがって，(Ⅲ.4.7) の関係はすべての座標系において同じ形式で成立する．すなわち，一般相対性原理の要請を満足する．

▶ 一般相対性理論の定式化へ

計量が (Ⅲ.4.7) で表されるような空間およびその研究手段については，すでに準備が整っていた．前者はいわゆる「リーマン空間」である．リーマン (G. F. B. Riemann, 1826-1866) は初めて，ガウスの一連の考えを任意次元の連続体に拡張した．アインシュタインは，リーマンが「予言者的な洞察力をもって，このユークリッド幾何学の一般化の物理的意味を見通していた」と書いている．リーマンにつづき，主としてリッチ (G. Ricci-Curbastro, 1853-1925) および彼の弟子のレヴィ-チヴィタ (T. Levi-Civita, 1873-1941) が，テンソル解析学の形で理論を発展させていたのであった．

一般相対性理論は「幾何学」である．ユークリッド幾何学やガウスの曲面の幾何学が長さの測定に基礎をおくように，一般相対性理論では ds がその計量の基礎である．一般相対性理論で対象とする諸問題は，基本的に (Ⅲ.4.7) の関係において解くことができる[23]．そのためには g_{jk} を決定しなければならないが，それを与えるのがアインシュタインの重力法則である．なお，対称性により $g_{jk} = g_{kj}$ の関係があるので，決定すべき g_{jk} は一般には10個であるが，与

---

23) たとえば，唐木田健一『ひとりで学べる一般相対性理論——ディラックの記号法で宇宙の方程式を解く』講談社 (2015)，第Ⅲ章．

リッチ　　　　　　レヴィ-チヴィタ

えられた重力場の対称性やその時間依存性（というより，時間的変化のない静的な場であること）などによって，その独立な数はさらに減少する．

＊　　　＊　　　＊

以上が，アインシュタインを一般相対性理論へと導いた主要なポイントのすべてである．

▶ 追記

テンソルとは，それにより記述された方程式が，前提とされる空間[24]でのあらゆる座標系において同じ形式で成立するという性質をもった量のことである．ベクトルもこれと同じ性質をもっている．ここでは四次元空間を考えることにすると，ベクトルは四つの成分をもっている．他方，テンソルの成分の数は多様であり，たとえばアインシュタインが重力法則を表現するのに用いた「リッチ・テンソル」は，形式的に $4^2 = 16$ の成分をもつ．ベクトルは四つ（4^1）の成分をもつテンソルであり，「1階のテンソル」と呼ばれる（リッチ・テンソルは2階のテンソルである）．また，成分が一つしかないテンソルは「スカラー」と呼ばれる．ds はスカラーであり，（III.4.7）は一つのテンソル方程式である．

---

[24] 前提とされる空間とは，古典力学では3次元のユークリッド幾何学が成立する空間（「ユークリッド空間」），特殊相対性理論では2点間の「距離」が（III.4.5）で与えられる4次元の空間（「ミンコフスキー空間」），そして一般相対性理論では2点間の「距離」が（III.4.7）で与えられる4次元の曲がった空間（「リーマン空間」）である．

補足

A ヴィーンの輻射式

　ヴィーンの輻射式は，結局は正しくなかったことが明らかになっている．しかしそれは，プランクやアインシュタインに大きな影響を与えたものであり，ここでその背景と内容について触れておく．

▶ 変位則

　ヴィーンの輻射式の前提には，ヴィーンが理論的に導出した変位則と呼ばれる関係がある．それは

$$\rho(\nu, T) = \nu^3 f\left(\frac{\nu}{T}\right) \tag{A.1}$$

と表現される．ここで，$\rho(\nu, T)$ はすでに第Ⅰ部の (I.1.1) などに与えられている輻射密度で，振動数が $\nu \sim \nu + d\nu$ の範囲にある輻射の単位体積あたりのエネルギーが $\rho(\nu, T) d\nu$ で与えられるような量である．また，$f(\nu/T)$ は未知の関数であり，これがわかれば，求める輻射式を得たことになるのである．この変位則は正確に成立しており，プランクの輻射式 (I.1.6) もこの形式を満たしている．

　変位則は次のような意味をもっている．温度 T のとき，最大の $\rho(\nu, T)$ を与える振動数 ν は

$$\frac{\partial \rho(\nu, T)}{\partial \nu} = 3\nu^2 f\left(\frac{\nu}{T}\right) + \frac{\nu^3}{T} f'\left(\frac{\nu}{T}\right) = 0 \tag{A.2}$$

で与えられる．ここで，$f'(\nu/T)$ は ν による微分を表す．(A.2) を書き直すと

$$3f\left(\frac{\nu}{T}\right) + \frac{\nu}{T} f'\left(\frac{\nu}{T}\right) = 0 \tag{A.3}$$

となるが，ここで ν と T はつねに ν/T として一体であり，最大値を与える ν 〔微分方程式 (A.3) の解〕は $\nu/T =$ 定数として与えられる．したがって，ν は T に比例することがわかる．すなわち，輻射における最大強度の振動数は温度に比例する．これが，温度が上がるにつれて，振動数の高い光も放出されるようになる理由である．

ヴィーン自身が1893年，論文で提示した変位則は，輻射の波長をλ（$=c/\nu$）として，$\lambda T =$ 定数という関係であった．のちに変位則を（A.1）のように表現したのはプランクである．

▶ 輻射式

ヴィーンは輻射の放出体として温度Tの気体分子を考え，それが輻射を吸収・放出しながら熱平衡の状態にあるというモデルを採用した．そこにおいて彼は，分子から放出される輻射の振動数と強度は，その分子の速度のみで決まると仮定した．振動数νが速度vの関数であるとすれば，逆にvはνの関数である．また，分子の速度で輻射強度が決まるのであれば，ある振動数の全体の輻射強度はその速度（振動数）をもつ分子の数に比例するであろう．

気体分子運動論によれば，速度が$v \sim v+dv$の範囲にある分子の数は

$$n(v)dv = C \cdot v^2 \exp\left(-\frac{mv^2}{2kT}\right)dv \tag{A.4}$$

で与えられる．これはマクスウェル分布といわれるものであり，mは分子1個の質量，Cは定数である．いま両辺のdvを形式的に省略すると，

$$n(v) = C \cdot v^2 \exp\left(-\frac{mv^2}{2kT}\right) \tag{A.5}$$

ここで，vがνの関数であることを考慮し，かつ

$$\frac{1}{2}mv^2 = g(\nu) \tag{A.6}$$

とおくと，（A.5）は

$$n(\nu) = C \cdot g(\nu) \exp\left(-\frac{g(\nu)}{kT}\right) \tag{A.7}$$

と書ける．ただし，定数Cは（A.5）とは内容が異なっている．

先に，輻射の振動数と強度は分子の速度のみで決まると仮定している．したがって，（A.1）の$\rho(\nu, T)$は，振動数νの分子の数$n(\nu)$，および分子1個あたりの強度を表す速度のみの関数——ということは（速度は振動数の関数なので）振動数のみの関数——$G(\nu)$に比例することになる．したがって，〔（A.7）を考慮して〕

$$\rho(\nu, T) = G(\nu)\exp\left(-\frac{g(\nu)}{kT}\right) \tag{A.8}$$

と書ける．なお，(A.7) の C と $g(\nu)$ の積は，$G(\nu)$ に含めたのである．

　この (A.8) は変位則 (A.1) を満たさなければならない．まずは A を定数として

$$G(\nu) = A\nu^3 \tag{A.9}$$

とする．また，指数部分は ν/T に比例しなければならない．ここで，あとの都合で，h は（とりあえず単なる）定数として，

$$g(\nu) = h\nu \tag{A.10}$$

とおくと，(A.8) は

$$\rho(\nu, T) = A\nu^3 \exp\left(-\frac{h\nu}{kT}\right) \tag{A.11}$$

となって，変位則 (A.1) の形式と一致する．これがヴィーンの輻射式〔第Ⅰ部の (Ⅰ.1.1)〕である．

B プランクの輻射式

▶ 振動子の数

 空洞輻射に対してはマクスウェル方程式が適用できると考えられる．そして，真空におけるマクスウェル方程式は，ベクトル・ポテンシャルといわれる量 A で記述できることが知られている（ベクトルは斜体かつ太字で表現する）．このベクトル・ポテンシャルはフーリエ級数で展開して，

$$A = \sum_{l,m,n} \left[\boldsymbol{a}_{l,m,n}(t)\cos\frac{2\pi}{L}(lx+my+nz) + \boldsymbol{b}_{l,m,n}(t)\sin\frac{2\pi}{L}(lx+my+nz) \right] \tag{B.1}$$

のように書くことができる[1]．ここで，L は空洞を立方体で表したときの一辺の長さ，l, m, n は 0 を含む正負の整数，またベクトル $\boldsymbol{a}$ および $\boldsymbol{b}$ は時間 t に依存する係数で，l, m, n により規定される．すなわち，この式が示すことは，空洞輻射は l, m, n で規定される振動子（周期関数）の和で表現できるということである．
 ここで

$$\gamma = \sqrt{l^2+m^2+n^2} \tag{B.2}$$

と定義すると，この振動子における波長は

$$\lambda = \frac{L}{\gamma} \tag{B.3}$$

で与えられ，したがって振動数は

$$\nu = \frac{c}{\lambda} = \frac{c\gamma}{L} \tag{B.4}$$

である．すなわち，振動数 ν の振動子は，(B.2) において同じ γ を与える (l, m, n) の組の数に相当する独立な数だけ存在する．これからそれを勘定する．

---

[1] 以下の記述は，D. Bohm, *Quantum Theory*（第 I 部 6 章に既出），chapter 1, (section) 9 を参照した．

(l, m, n) を座標とする空間を考える．ここで γ は非常に大きな数であるとする．それは実際に成立していて，空洞の一辺の長さを $L = 1\,\mathrm{m}$ のオーダーとすると，中程度の温度では輻射の大部分は赤外部にあり，波長は $\lambda = 10^{-6}\,\mathrm{m}$ のオーダーであるから，(B.3) より $\gamma \approx 10^6$ と見積もることができる．したがって，l, m, n のそれぞれは 1 ずつ変化する離散的な量ではあるが，γ は実質的には連続的な量とみなすことができる．また，個々の振動子は (l, m, n) の組で規定され，かつ (l, m, n) 空間の座標軸は 1 を単位目盛りとしているので，振動子は全体として，(l, m, n) 空間の単位体積に 1 個存在することになる．

ここで，(l, m, n) 空間において，原点を中心とする半径 γ の球と，半径 $\gamma + d\gamma$ の球に挟まれた部分の体積を求める．それは，半径 γ の球の表面積に $d\gamma$ をかけることにより得られ，$\gamma \sim \gamma + d\gamma$ を与える (l, m, n) の組の数に等しい．それを $N(\gamma)d\gamma$ とすると，

$$N(\gamma)d\gamma = 4\pi\gamma^2 d\gamma \tag{B.5}$$

ここで，(B.4) より $\gamma = L\nu/c$ および $d\gamma = L \cdot d\nu/c$ なので，(B.5) の右辺において $\gamma \to \nu$ の変換をおこなうと，

$$4\pi\left(\frac{L\nu}{c}\right)^2 \cdot \frac{L}{c}d\nu = 4\pi\frac{L^3\nu^2}{c^3}d\nu = 4\pi\frac{V\nu^2}{c^3}d\nu \tag{B.6}$$

ここで $V = L^3$ は空洞の体積である．

(B.6) は，振動数 $\nu \sim \nu + d\nu$ の範囲の振動子の数を与えるのであるが，電磁波では同じ振動数に偏りの異なる二つの独立な振動子が属しているので全体を 2 倍し，かつ V で割って，単位体積あたりの振動子の数を $n(\nu)d\nu$ で表すと

$$n(\nu)d\nu = 8\pi\frac{\nu^2}{c^3}d\nu \tag{B.7}$$

を得る．

▶ 振動子 1 個あたりの平均エネルギー

振動子 1 個あたりの平均エネルギー U は，(単位体積あたりのエネルギーを対応する振動子の数で割って)

$$U = \frac{\rho(\nu, T)}{n(\nu)} \tag{B.8}$$

で与えられる．これより，(B.7) を用いて，

$$\rho(\nu, T) = 8\pi \frac{\nu^2}{c^3} \cdot U \tag{B.9}$$

を得る．これを導いたのはプランクであって，空洞輻射の研究では，輻射の代わりに振動子に着目すればよいことを示唆している．

▶ ジーンズの式

分子運動論によれば，各振動子は

$$U = kT \tag{B.10}$$

の平均エネルギーを有する．これは，エネルギー等分配則といわれる法則の一つの帰結である．これを (B.9) に代入すると

$$\rho(\nu, T) = 8\pi \frac{\nu^2}{c^3} kT \tag{B.11}$$

となる．これがジーンズの輻射式〔第 I 部の (I.1.3)〕である．

▶ 輻射のエントロピー

プランクは熱力学の関係式

$$\left(\frac{\partial S}{\partial U}\right)_V = \frac{1}{T} \tag{B.12}$$

に着目した[2]．ここで S は振動子 1 個のエントロピーである．(B.12) の T のところにジーンズの輻射式で用いられている (B.10) の関係を代入すると，

$$\frac{\partial S}{\partial U} = \frac{k}{U} \tag{B.13}$$

この両辺をもう一度 U で微分して，

---

[2] この関係は第 I 部の (I.2.1)〔→ (I.2.4)〕と同じであり，アインシュタインも着目したものである．この式の素性は次の補足 C で扱う．

$$\frac{\partial^2 S}{\partial U^2} = -\frac{k}{U^2} \tag{B.14}$$

を得る．これはジーンズの輻射式における関係である．

他方，（B.8）においてヴィーンの輻射式（A.11）および（B.7）を用いると，

$$U = A\nu^3 \exp\left(-\frac{h\nu}{kT}\right) \cdot \frac{c^3}{8\pi\nu^2} = \frac{A}{8\pi} c^3 \nu \exp\left(-\frac{h\nu}{kT}\right) \tag{B.15}$$

となり，これを変形して

$$\frac{8\pi U}{Ac^3 \nu} = \exp\left(-\frac{h\nu}{kT}\right) \tag{B.16}$$

両辺の対数をとって，$1/T$ について解くと，

$$\frac{1}{T} = -\frac{k}{h\nu} \log \frac{8\pi U}{Ac^3 \nu} \tag{B.17}$$

これを（B.12）に代入して，

$$\frac{\partial S}{\partial U} = -\frac{k}{h\nu} \log \frac{8\pi U}{Ac^3 \nu} \tag{B.18}$$

この両辺をもう一度 U で微分して，

$$\frac{\partial^2 S}{\partial U^2} = -\frac{k}{h\nu} \cdot \frac{1}{\left(\frac{8\pi U}{Ac^3 \nu}\right)} \cdot \frac{8\pi}{Ac^3 \nu} = -\frac{k}{h\nu U} \tag{B.19}$$

を得る．これはヴィーンの輻射式における関係である．

▶《内挿式》

（B.14）と（B.19）をあらためて引用すると

$$\text{ジーンズ：} \quad \frac{\partial^2 S}{\partial U^2} = -\frac{k}{U} \cdot \frac{1}{U} \tag{B.20}$$

$$\text{ヴィーン：} \quad \frac{\partial^2 S}{\partial U^2} = -\frac{k}{h\nu} \cdot \frac{1}{U} \tag{B.21}$$

となる．ここで仮に，

$$\frac{\partial^2 S}{\partial U^2} = -\frac{k}{(U+h\nu)} \cdot \frac{1}{U} \tag{B.22}$$

とおいてみると，この式は $U \gg h\nu$ のときは (B.20) に，また $U \ll h\nu$ のときは (B.21) に近づくことがわかる．U は振動子 1 個あたりの平均エネルギーであり，これは温度の高低に対応する．実際，ν/T が小さいとき（すなわち高温のとき）はジーンズの式が成立しており，ν/T が大きいときはヴィーンの式が成立していることはすでにわかっている．したがって，(B.22) は両者の「内挿式」になっていると考えられる．

(B.22) を積分すると，

$$\frac{\partial S}{\partial U} = \frac{k}{h\nu} \log \frac{U+h\nu}{U} \tag{B.23}$$

になる．確認のため，この右辺を U で微分すると，

$$\frac{\partial}{\partial U}\left[\frac{k}{h\nu} \log \frac{U+h\nu}{U}\right] = \frac{k}{h\nu} \frac{\partial}{\partial U}[\log(U+h\nu) - \log U]$$
$$= \frac{k}{h\nu}\left(\frac{1}{U+h\nu} - \frac{1}{U}\right) = -\frac{k}{U(U+h\nu)} \tag{B.24}$$

となって，(B.22) の右辺を再現する．

なお，(B.23) は不定積分なので定数が付くが，(B.12) において，$T \to \infty$ で $\partial S/\partial U \to 0$ であり，それに対応して (B.23) では ($T \to \infty$, すなわち) $U \to \infty$ で $\partial S/\partial U \to 0$ となるので，定数は 0 であると考えられる．

(B.23) と (B.12) を組合せると，

$$\frac{1}{T} = \frac{k}{h\nu} \log \frac{U+h\nu}{U} \tag{B.25}$$

すなわち，

$$\frac{h\nu}{kT} = \log \frac{U+h\nu}{U} \tag{B.26}$$

これは

$$\frac{U+h\nu}{U} = \exp\left(\frac{h\nu}{kT}\right) \tag{B.27}$$

と等価である．これを U について解いて

$$U = \frac{h\nu}{\exp\left(\frac{h\nu}{kT}\right) - 1} \tag{B.28}$$

これを (B.9) に代入して

$$\rho(\nu, T) = 8\pi h \frac{\nu^3}{c^3} \cdot \frac{1}{\exp\left(\frac{h\nu}{kT}\right) - 1} \tag{B.29}$$

を得る．これがプランクの式〔第Ⅰ部の (I.1.6)〕である．

▶ プランクの式

プランクは，(B.29) がさまざまな条件下で実験値と一致することを確認した．そこで，その式の本質を追究した．結論としては，$n(\nu)$ 個の振動子にエネルギーが分配されるとき，エネルギーは連続量ではなく，$\varepsilon = h\nu$ という「エネルギー要素」を単位とする離散量であることが必要であるということであった．これにより内挿式 (B.29) は，歴史的なプランクの式となったのである．

C エントロピーとエネルギーの関係

ここでは，(I.2.1)〔や (I.4.15)，(II.2.3)，さらには (B.12)〕で用いられたエントロピーとエネルギーとの関係式

$$\frac{\partial E}{\partial S} = T \tag{C.1}$$

の素性について説明する．

熱力学第一法則は

$$dE = dQ - PdV \tag{C.2}$$

と表される．ここで，dQ は系が得た熱量，$-PdV$ は圧力 P のもとで系が体積変化により得た仕事である．また，エントロピーは

$$dS = \frac{dQ}{T} \tag{C.3}$$

で定義され，これを dQ について解いて (C.2) に代入すると

$$dE = TdS - PdV \tag{C.4}$$

を得る．これは，熱力学第一法則と第二法則を結びつけた重要な関係である．

他方，エネルギー E は「状態量」といわれる性質をもっている．すなわち，E の状態 A から B への変化は，状態 A と B を指定すれば決まってしまい，その変化の道筋にはよらないことが知られている．状態量は全微分という形式で表現でき，E については，

$$dE = \left(\frac{\partial E}{\partial S}\right)_V dS + \left(\frac{\partial E}{\partial V}\right)_S dV \tag{C.5}$$

と書くことができる．

ここで，(C.4) と (C.5) の対応部分を比較すると，

$$\left(\frac{\partial E}{\partial S}\right)_V = T \tag{C.6}$$

$$\left(\frac{\partial E}{\partial V}\right)_S = -P \tag{C.7}$$

を得るが，このうち (C.6) が求める関係式である．

なお，アインシュタイン自身はこの関係式を，エネルギー一定の条件下でエントロピーが最大となるような条件付き変分法（未定乗数法）により導出している．

D エントロピーの体積依存性に関わる積分の計算

第 I 部の（I.2.9）に与えられた積分

$$\varphi = -\int_0^\rho \frac{k}{h\nu} \log \frac{\rho}{A\nu^3} d\rho \tag{D.1}$$

について，アインシュタインは結果を与えたのみであるが，ここではその過程の一例を示しておく．まず，

$$x = \frac{\rho}{A\nu^3} \tag{D.2}$$

とおくと

$$d\rho = A\nu^3 dx \tag{D.3}$$

この置き換えにより積分範囲は $x=0$ から $\rho/A\nu^3$ までに変わるので，（D.1）は

$$\varphi = -\frac{k}{h\nu} A\nu^3 \int_0^{\rho/A\nu^3} \log x \, dx = -\frac{k}{h} A\nu^2 \int_0^{\rho/A\nu^3} \log x \, dx \tag{D.4}$$

になる．

ここで公式

$$\int \log x \, dx = x \log x - x + C \tag{D.5}$$

を用いる（C は積分定数）．この式を得るには，形式的に

$$\log x = 1 \cdot \log x = (x)' \log x \tag{D.6}$$

と変形して（ダッシュ〔′〕は x による微分），部分積分の公式

$$\int f(x) g'(x) dx = f(x) g(x) - \int f'(x) g(x) dx \tag{D.7}$$

を適用すればよい．すなわち，

$$\int \log x \, dx = \int (x)' \log x \, dx = x \log x - \int x (\log x)' dx$$
$$= x \log x - \int x \frac{1}{x} dx = x \log x - x + C \tag{D.8}$$

である．

この式で定積分を求めるためには

$$\int_0^\kappa \log x\, dx = [x\log x - x]_0^\kappa = \kappa \log \kappa - \kappa - (x\log x)_{x\to 0} \tag{D.9}$$

における右辺の最後の項の値を知らなければならない．これについてはロピタルの定理

$$\left(\frac{g(x)}{f(x)}\right)_{x\to 0} = \left(\frac{g'(x)}{f'(x)}\right)_{x\to 0} \tag{D.10}$$

の適用条件が成立すると考えられるので，これを用いて，

$$(x\log x)_{x\to 0} = \left(\frac{(\log x)'}{\left(\frac{1}{x}\right)'}\right)_{x\to 0} = \left(\frac{\frac{1}{x}}{-\frac{1}{x^2}}\right)_{x\to 0} = (-x)_{x\to 0} = 0 \tag{D.11}$$

したがって (D.9) は

$$\int_0^\kappa \log x\, dx = \kappa \log \kappa - \kappa \tag{D.12}$$

となる．(D.4) に対してこれを適用し，

$$\varphi = -\frac{k\rho}{h\nu}\left(\log \frac{\rho}{A\nu^3} - 1\right) \tag{D.13}$$

を得る．

E エネルギーの揺らぎに関わる積分の計算

求める積分（I.4.29）をあらためてここに引用すると

$$\langle \varepsilon^2 \rangle = \frac{\int_{-\infty}^{\infty} \varepsilon^2 \exp\left(-\frac{\beta}{k}\varepsilon^2\right)d\varepsilon}{\int_{-\infty}^{\infty} \exp\left(-\frac{\beta}{k}\varepsilon^2\right)d\varepsilon} \tag{E.1}$$

ところで，次の関係

$$\begin{aligned}
\frac{k^2}{\beta}\frac{\partial}{\partial k}\log\left(\int_{-\infty}^{\infty}\exp\left(-\frac{\beta}{k}\varepsilon^2\right)d\varepsilon\right) &= \frac{k^2}{\beta}\frac{\frac{\partial}{\partial k}\int_{-\infty}^{\infty}\exp\left(-\frac{\beta}{k}\varepsilon^2\right)d\varepsilon}{\int_{-\infty}^{\infty}\exp\left(-\frac{\beta}{k}\varepsilon^2\right)d\varepsilon} \\
&= \frac{k^2}{\beta}\frac{\int_{-\infty}^{\infty}\frac{\beta}{k^2}\varepsilon^2\exp\left(-\frac{\beta}{k}\varepsilon^2\right)d\varepsilon}{\int_{-\infty}^{\infty}\exp\left(-\frac{\beta}{k}\varepsilon^2\right)d\varepsilon} \\
&= \frac{\int_{-\infty}^{\infty}\varepsilon^2\exp\left(-\frac{\beta}{k}\varepsilon^2\right)d\varepsilon}{\int_{-\infty}^{\infty}\exp\left(-\frac{\beta}{k}\varepsilon^2\right)d\varepsilon}
\end{aligned} \tag{E.2}$$

が成立するので，求める積分はこの左辺を計算すればよい．

積分公式

$$\int_{-\infty}^{\infty}\exp(-a^2x^2)dx = \frac{\sqrt{\pi}}{a} \tag{E.3}$$

〔すでに（II.2.48）に出現〕を参照すると

$$\int_{-\infty}^{\infty}\exp\left(-\frac{\beta}{k}\varepsilon^2\right)d\varepsilon = \sqrt{\pi}\sqrt{\frac{k}{\beta}} = \left(\pi\frac{k}{\beta}\right)^{\frac{1}{2}} \tag{E.4}$$

そこで，

$$\frac{k^2}{\beta}\frac{\partial}{\partial k}\log\left(\int_{-\infty}^{\infty}\exp\left(-\frac{\beta}{k}\varepsilon^2\right)d\varepsilon\right) = \frac{k^2}{\beta}\frac{\partial}{\partial k}\log\left(\frac{k\pi}{\beta}\right)^{\frac{1}{2}}$$
$$= \frac{k^2}{2\beta}\frac{\partial}{\partial k}\log\left(\frac{k\pi}{\beta}\right)$$
$$= \frac{k^2}{2\beta}\frac{1}{\frac{k\pi}{\beta}}\frac{\pi}{\beta} = \frac{k}{2\beta} \qquad (\mathrm{E}.5)$$

を得る．これが求める積分値である．

デルタ関数に関わる諸公式と関連の計算

▶ 諸公式

ディラックのデルタ関数は,第I部の(I.6.19)をあらためて引用すると,

$$\int f(x)\delta(x-a)dx = f(a) \tag{F.1}$$

のような性質をもっている.なお,ここでの積分範囲は $x=a$ を含む.この式で $a=0$ とおくと,

$$\int f(x)\delta(x)dx = f(0) \tag{F.2}$$

デルタ関数においては,次のような関係が成立する[1]:

$$\delta(-x) = \delta(x) \tag{F.3}$$

$$\delta(ax) = a^{-1}\delta(x) \quad (a>0) \tag{F.4}$$

$$f(x)\delta(x-a) = f(a)\delta(x-a) \tag{F.5}$$

$$\int_{-\infty}^{\infty} \exp(iax)dx = 2\pi\delta(a) \tag{F.6}$$

▶ (I.6.20) の導出

第I部の(I.6.20)

$$x_1\delta(x_1-x) = x\delta(x_1-x) \tag{F.7}$$

を導出する.

上の公式(F.5)において,$f(x)=x$ [$f(a)=a$] とおき,次いで $a=x_1$ とすると,

$$x\delta(x-x_1) = x_1\delta(x-x_1) \tag{F.8}$$

---

[1] P. A. M. Dirac, *THE PRINCIPLES OF QUANTUM MECHANICS 4th ed.* (1958)／朝永・玉木・木庭・大塚・伊藤訳『量子力学』岩波書店 (1968). この教科書の§15の式 (6) (8) (11) および§23の式 (49) 参照.

ここで右辺と左辺を交換し，かつ (F.3) を用いると (F.7) を得る．

▶ (I.6.22) の確認 (1)

(I.6.22) を次の二つの式に分ける：

$$\varphi_x(x_2) = \int_{-\infty}^{\infty} \exp\left[(2\pi i/h)(x-x_2+x_0)p\right]dp \tag{F.9}$$

$$\int_{-\infty}^{\infty} \exp\left[(2\pi i/h)(x-x_2+x_0)p\right]dp = h\delta(x-x_2+x_0) \tag{F.10}$$

まず，第I部の (I.6.18)
$$v_x(x_1) = \delta(x_1-x) \tag{F.11}$$
が与えられたとき，$\varphi_x(x_2)$ が上の (F.9) であれば，(I.6.21) の関係

$$\Psi(x_1, x_2) = \int_{-\infty}^{\infty} \varphi_x(x_2) v_x(x_1) dx \tag{F.12}$$

が，モデルの前提である式 (I.6.10)

$$\Psi(x_1, x_2) = \int_{-\infty}^{\infty} \exp\left[(2\pi i/h)(x_1-x_2+x_0)p\right]dp \tag{F.13}$$

と一致するかどうかを調べる．この場合 (F.12) は

$$\Psi(x_1, x_2) = \int_{-\infty}^{\infty} \delta(x_1-x) \int_{-\infty}^{\infty} \exp\left[(2\pi i/h)(x-x_2+x_0)p\right]dp\,dx$$

$$= \int_{-\infty}^{\infty} \delta(x-x_1) \int_{-\infty}^{\infty} \exp\left[(2\pi i/h)(x-x_2+x_0)p\right]dp\,dx$$

$$= \int_{-\infty}^{\infty} \exp\left[(2\pi i/h)(x_1-x_2+x_0)p\right]dp \tag{F.14}$$

ただし，(F.3) および (F.1) の関係を用いた．この右辺は (F.13) と一致する．したがって，(F.11) が与えられれば，(F.9) の関係が成立する．

▶ (I.6.22) の確認 (2)

上の (F.10) を導出する：

公式 (F.6) において $x \to p$ とし，次いで $a \to (2\pi/h)(x-x_2+x_0)$ の置き換えをすると，

134

$$\int_{-\infty}^{\infty} \exp\left[(2\pi i/h)(x-x_2+x_0)p\right]dp = 2\pi\delta\left(\frac{2\pi}{h}(x-x_2+x_0)\right) \tag{F.15}$$

この右辺は，公式（F.4）を用いると

$$2\pi\left(\frac{2\pi}{h}\right)^{-1}\delta(x-x_2+x_0) = h\delta(x-x_2+x_0) \tag{F.16}$$

と変形され，上の（F.10）の関係は成立することがわかる．

▶（I.6.23）の導出

第I部の（I.6.23）

$$x_2 \cdot h\delta(x-x_2+x_0) = (x+x_0) \cdot h\delta(x-x_2+x_0) \tag{F.17}$$

を導出する．

（F.8）で $x_1 \to x_2$, $x \to x+x_0$ の置き換えをすると，

$$(x+x_0)\delta(x+x_0-x_2) = x_2\delta(x+x_0-x_2) \tag{F.18}$$

すなわち，（右辺と左辺を入れ替え）

$$x_2\delta(x-x_2+x_0) = (x+x_0)\delta(x-x_2+x_0) \tag{F.19}$$

となり，この両辺に h をかけると（F.17）になる．

G マクスウェル方程式の変換

▶ 座標変換の式

第Ⅲ部に示した座標変換の式（Ⅲ.1.9）および（Ⅲ.1.10）をあらためてここに再現すると，

$$\frac{\partial}{\partial x} = \frac{\partial x'}{\partial x}\frac{\partial}{\partial x'} + \frac{\partial y'}{\partial x}\frac{\partial}{\partial y'} + \frac{\partial z'}{\partial x}\frac{\partial}{\partial z'} + \frac{\partial t'}{\partial x}\frac{\partial}{\partial t'} \tag{G.1}$$

$$\frac{\partial}{\partial t} = \frac{\partial x'}{\partial t}\frac{\partial}{\partial x'} + \frac{\partial y'}{\partial t}\frac{\partial}{\partial y'} + \frac{\partial z'}{\partial t}\frac{\partial}{\partial z'} + \frac{\partial t'}{\partial t}\frac{\partial}{\partial t'} \tag{G.2}$$

ローレンツ変換〔（Ⅲ.2.26）および（Ⅲ.2.27）〕は，（Ⅲ.2.64）で定義した記号 $\beta = 1/\sqrt{1-v^2/c^2}$ を用いると

$$x' = \beta(x-vt) \tag{G.3}$$
$$t' = \beta(t-vx/c^2) \tag{G.4}$$

と書ける．ここで偏微分を実行すると

$$\partial x'/\partial x = \beta, \quad \partial y'/\partial x = \partial z'/\partial x = 0, \quad \partial t'/\partial x = -\beta v/c^2 \tag{G.5}$$

$$\partial x'/\partial t = -\beta v, \quad \partial y'/\partial t = \partial z'/\partial t = 0, \quad \partial t'/\partial t = \beta \tag{G.6}$$

となるので，これらを用いると（G.1）および（G.2）は

$$\frac{\partial}{\partial x} = \beta\frac{\partial}{\partial x'} - \frac{\beta v}{c^2}\frac{\partial}{\partial t'} \tag{G.7}$$

$$\frac{\partial}{\partial t} = -\beta v\frac{\partial}{\partial x'} + \beta\frac{\partial}{\partial t'} \tag{G.8}$$

さらに（Ⅲ.2.28）より

$$\frac{\partial}{\partial y} = \frac{\partial}{\partial y'}, \quad \frac{\partial}{\partial z} = \frac{\partial}{\partial z'} \tag{G.9}$$

を得る[1]．

---

1) なお本章の記述は，『原論文で学ぶ アインシュタインの相対性理論』（第Ⅲ部2章に既出）の第Ⅳ章14にもとづく．

▶ マクスウェル方程式

マクスウェル方程式〔(Ⅲ.1.4)〜(Ⅲ.1.6)〕をあらためてここに再現すると

$$\frac{1}{c}\frac{\partial E_x}{\partial t} = \frac{\partial H_z}{\partial y} - \frac{\partial H_y}{\partial z}, \quad \frac{1}{c}\frac{\partial E_y}{\partial t} = \frac{\partial H_x}{\partial z} - \frac{\partial H_z}{\partial x}, \quad \frac{1}{c}\frac{\partial E_z}{\partial t} = \frac{\partial H_y}{\partial x} - \frac{\partial H_x}{\partial y} \tag{G.10}$$

$$\frac{1}{c}\frac{\partial H_x}{\partial t} = \frac{\partial E_y}{\partial z} - \frac{\partial E_z}{\partial y}, \quad \frac{1}{c}\frac{\partial H_y}{\partial t} = \frac{\partial E_z}{\partial x} - \frac{\partial E_x}{\partial z}, \quad \frac{1}{c}\frac{\partial H_z}{\partial t} = \frac{\partial E_x}{\partial y} - \frac{\partial E_y}{\partial x} \tag{G.11}$$

$$\frac{\partial E_x}{\partial x} + \frac{\partial E_y}{\partial y} + \frac{\partial E_z}{\partial z} = 0, \quad \frac{\partial H_x}{\partial x} + \frac{\partial H_y}{\partial y} + \frac{\partial H_z}{\partial z} = 0 \tag{G.12}$$

▶ 変換 (0)

まず,(G.12) の 1 番目の式に (G.7) および (G.9) を代入して,

$$\left(\beta\frac{\partial}{\partial x'} - \frac{\beta v}{c^2}\frac{\partial}{\partial t'}\right)E_x + \frac{\partial E_y}{\partial y'} + \frac{\partial E_z}{\partial z'} = 0 \tag{G.13}$$

かっこをはずして整理し,

$$\beta\frac{\partial E_x}{\partial x'} + \frac{\partial E_y}{\partial y'} + \frac{\partial E_z}{\partial z'} - \frac{\beta v}{c^2}\frac{\partial E_x}{\partial t'} = 0 \tag{G.14}$$

同様にして,(G.12) の 2 番目の式について,

$$\beta\frac{\partial H_x}{\partial x'} + \frac{\partial H_y}{\partial y'} + \frac{\partial H_z}{\partial z'} - \frac{\beta v}{c^2}\frac{\partial H_x}{\partial t'} = 0 \tag{G.15}$$

を得る.

▶ 変換 (1)

(G.10) の 1 番目の式に (G.8) および (G.9) を適用して,

$$\frac{1}{c}\left(-\beta v\frac{\partial}{\partial x'} + \beta\frac{\partial}{\partial t'}\right)E_x = \frac{\partial H_z}{\partial y'} - \frac{\partial H_y}{\partial z'} \tag{G.16}$$

すなわち

$$\frac{1}{c}\beta\frac{\partial E_x}{\partial t'} - \frac{1}{c}\beta v\frac{\partial E_x}{\partial x'} = \frac{\partial H_z}{\partial y'} - \frac{\partial H_y}{\partial z'} \tag{G.17}$$

これが変換後の (G.10) の 1 番目の式であるが，一見してずいぶん形が変わっている．最も目立つ違いは，もとの式は t, y, z で表現されているのに，変換後の式では t', y', z' のほかに，x' まで出現していることである．そこで，x' を消去してみることにしよう．

(G.14) より

$$\beta\frac{\partial E_x}{\partial x'} = \frac{\beta v}{c^2}\frac{\partial E_x}{\partial t'} - \frac{\partial E_y}{\partial y'} - \frac{\partial E_z}{\partial z'} \tag{G.18}$$

これを (G.17) に代入すると，

$$\frac{1}{c}\beta\frac{\partial E_x}{\partial t'} - \frac{v}{c}\left(\frac{\beta v}{c^2}\frac{\partial E_x}{\partial t'} - \frac{\partial E_y}{\partial y'} - \frac{\partial E_z}{\partial z'}\right) = \frac{\partial H_z}{\partial y'} - \frac{\partial H_y}{\partial z'} \tag{G.19}$$

かっこをはずして整理すると，

$$\frac{1}{c}\beta\left(1 - \frac{v^2}{c^2}\right)\frac{\partial E_x}{\partial t'} = \frac{\partial}{\partial y'}\left(H_z - \frac{v}{c}E_y\right) - \frac{\partial}{\partial z'}\left(H_y + \frac{v}{c}E_z\right) \tag{G.20}$$

ここで，

$$\beta\left(1 - \frac{v^2}{c^2}\right) = \beta\frac{1}{\beta^2} = \frac{1}{\beta} \tag{G.21}$$

これにより (G.20) は

$$\frac{1}{c\beta}\frac{\partial E_x}{\partial t'} = \frac{\partial}{\partial y'}\left(H_z - \frac{v}{c}E_y\right) - \frac{\partial}{\partial z'}\left(H_y + \frac{v}{c}E_z\right) \tag{G.22}$$

両辺に β をかけて

$$\frac{1}{c}\frac{\partial E_x}{\partial t'} = \frac{\partial}{\partial y'}\beta\left(H_z - \frac{v}{c}E_y\right) - \frac{\partial}{\partial z'}\beta\left(H_y + \frac{v}{c}E_z\right) \tag{G.23}$$

これは，(G.10) の 1 番目の式を系 K' に変換した結果であり，相対性原理により

$$\frac{1}{c}\frac{\partial E_x'}{\partial t'} = \frac{\partial H_z'}{\partial y'} - \frac{\partial H_y'}{\partial z'} \tag{G.24}$$

と表現されるべきものである．したがって，

$$E_{x'} = E_x, \quad H_{z'} = \beta\left(H_z - \frac{v}{c}E_y\right), \quad H_{y'} = \beta\left(H_y + \frac{v}{c}E_z\right) \tag{G.25}$$

の関係にあることがわかる．

（G.11）の 1 番目の式も，この項での方式と同様に変換できる．ただし，(G.18) の代わりに，(G.15) に由来する $\beta(\partial H_x/\partial x')$ を用いることになる．

▶ 変換 (2)

(G.10) の 2 番目の式に (G.7)〜(G.9) を適用して，

$$\frac{1}{c}\left(-\beta v\frac{\partial}{\partial x'} + \beta\frac{\partial}{\partial t'}\right)E_y = \frac{\partial H_x}{\partial z'} - \left(\beta\frac{\partial}{\partial x'} - \frac{\beta v}{c^2}\frac{\partial}{\partial t'}\right)H_z \tag{G.26}$$

かっこをはずして整理すると，

$$\frac{1}{c}\frac{\partial}{\partial t'}\beta\left(E_y - \frac{v}{c}H_z\right) = \frac{\partial H_x}{\partial z'} - \frac{\partial}{\partial x'}\beta\left(H_z - \frac{v}{c}E_y\right) \tag{G.27}$$

これは，(G.10) の 2 番目の式を系 K′ に変換した結果であり，相対性原理により

$$\frac{1}{c}\frac{\partial E_{y'}}{\partial t'} = \frac{\partial H_{x'}}{\partial z'} - \frac{\partial H_{z'}}{\partial x'} \tag{G.28}$$

と表現されるべきものである．したがって，

$$E_{y'} = \beta\left(E_y - \frac{v}{c}H_z\right), \quad H_{x'} = H_x, \quad H_{z'} = \beta\left(H_z - \frac{v}{c}E_y\right) \tag{G.29}$$

の関係にあることがわかる．また，$H_{z'}$ の値は (G.25) と (G.29) とで一致していることも確認できる．

(G.10) の 3 番目の式および (G.11) の 2 番目および 3 番目の式も，この項での方式と同様に変換できる．

▶ 電場および磁場成分の変換式

変換後の式における電場および磁場成分はすべて一貫して，第Ⅲ部の (Ⅲ.2.65) および (Ⅲ.2.66) に与えた関係，〔すでに一部は (G.25) および (G.29) に示されているが，ここにまとめて再現すると〕

$$E_{x'} = E_x, \quad E_{y'} = \beta(E_y - vH_z/c), \quad E_{z'} = \beta(E_z + vH_y/c) \tag{G.30}$$

$$H_x' = H_x, \quad H_y' = \beta(H_y + vE_z/c), \quad H_z' = \beta(H_z - vE_y/c) \tag{G.31}$$

で変換されることがわかる[2]．

▶ 変換 (3)

(G.12) の 1 番目の式の変換を仕上げておく．まず，(G.14) の $\partial E_x/\partial t'$ のところに (G.23) を代入して，

$$\beta\frac{\partial E_x}{\partial x'} + \frac{\partial E_y}{\partial y'} + \frac{\partial E_z}{\partial z'} - \frac{\beta v}{c}\left[\frac{\partial}{\partial y'}\beta\left(H_z - \frac{v}{c}E_y\right) - \frac{\partial}{\partial z'}\beta\left(H_y + \frac{v}{c}E_z\right)\right] = 0 \tag{G.32}$$

これを整理すると，

$$\beta\frac{\partial E_x}{\partial x'} + \frac{\partial}{\partial y'}\left[\left(1 + \beta^2\frac{v^2}{c^2}\right)E_y - \beta^2\frac{v}{c}H_z\right] + \frac{\partial}{\partial z'}\left[\left(1 + \beta^2\frac{v^2}{c^2}\right)E_z + \beta^2\frac{v}{c}H_y\right] = 0 \tag{G.33}$$

ここで，

$$1 + \beta^2\frac{v^2}{c^2} = \beta^2 \tag{G.34}$$

の関係は容易に確認でき，したがって (G.33) は

$$\beta\frac{\partial E_x}{\partial x'} + \frac{\partial}{\partial y'}\left[\beta^2\left(E_y - \frac{v}{c}H_z\right)\right] + \frac{\partial}{\partial z'}\left[\beta^2\left(E_z + \frac{v}{c}H_y\right)\right] = 0 \tag{G.35}$$

両辺を β で割って

$$\frac{\partial E_x}{\partial x'} + \frac{\partial}{\partial y'}\left[\beta\left(E_y - \frac{v}{c}H_z\right)\right] + \frac{\partial}{\partial z'}\left[\beta\left(E_z + \frac{v}{c}H_y\right)\right] = 0 \tag{G.36}$$

これに (G.30) の関係を代入すると，

$$\frac{\partial E_x'}{\partial x'} + \frac{\partial E_y'}{\partial y'} + \frac{\partial E_z'}{\partial z'} = 0 \tag{G.37}$$

となる．

(G.12) の 2 番目の式も同様に変換でき

---

[2] アインシュタインは (G.30) および (G.31) の各式に共通の比例係数〔たとえば，$\Psi(v) = E_x'/E_x$〕が存在する可能性を検討し，一般的考察から $\Psi(v) = 1$ を証明している．

$$\frac{\partial H_x'}{\partial x'} + \frac{\partial H_y'}{\partial y'} + \frac{\partial H_z'}{\partial z'} = 0 \tag{G.38}$$

を得ることができる.

H ガウスの曲面上の距離

第Ⅲ部の (Ⅲ.4.2) および (Ⅲ.4.3) をここにあらためて引用すると，
$$ds^2 = (dX^1)^2 + (dX^2)^2 \tag{H.1}$$
および
$$dX^1 = \frac{\partial X^1}{\partial x^1}dx^1 + \frac{\partial X^1}{\partial x^2}dx^2, \quad dX^2 = \frac{\partial X^2}{\partial x^1}dx^1 + \frac{\partial X^2}{\partial x^2}dx^2 \tag{H.2}$$

この (H.2) を (H.1) に代入して整理すると，
$$\begin{aligned} ds^2 &= \left(\frac{\partial X^1}{\partial x^1}dx^1 + \frac{\partial X^1}{\partial x^2}dx^2\right)^2 + \left(\frac{\partial X^2}{\partial x^1}dx^1 + \frac{\partial X^2}{\partial x^2}dx^2\right)^2 \\ &= \left(\left(\frac{\partial X^1}{\partial x^1}\right)^2 + \left(\frac{\partial X^2}{\partial x^1}\right)^2\right)(dx^1)^2 + 2\left(\frac{\partial X^1}{\partial x^1}\frac{\partial X^1}{\partial x^2} + \frac{\partial X^2}{\partial x^1}\frac{\partial X^2}{\partial x^2}\right)dx^1 dx^2 \\ &\quad + \left(\left(\frac{\partial X^1}{\partial x^2}\right)^2 + \left(\frac{\partial X^2}{\partial x^2}\right)^2\right)(dx^2)^2 \end{aligned} \tag{H.3}$$

ここで，
$$g_{11} = \left(\frac{\partial X^1}{\partial x^1}\right)^2 + \left(\frac{\partial X^2}{\partial x^1}\right)^2 \tag{H.4a}$$

$$g_{12} = \frac{\partial X^1}{\partial x^1}\frac{\partial X^1}{\partial x^2} + \frac{\partial X^2}{\partial x^1}\frac{\partial X^2}{\partial x^2} \tag{H.4b}$$

$$g_{22} = \left(\frac{\partial X^1}{\partial x^2}\right)^2 + \left(\frac{\partial X^2}{\partial x^2}\right)^2 \tag{H.4c}$$

と定義すれば (Ⅲ.4.4) すなわち，
$$ds^2 = g_{11}(dx^1)^2 + 2g_{12}\,dx^1 dx^2 + g_{22}(dx^2)^2 \tag{H.5}$$
を得る．

写真の出典

カバー p.003	アインシュタイン	https://commons.wikimedia.org/wiki/File:Einstein-with-habicht-and-solovine.jpg
p.005	キルヒホフ	https://commons.wikimedia.org/wiki/File:Gustav_Robert_Kirchhoff.jpg
	ヴィーン	https://commons.wikimedia.org/wiki/File:Wilhelm_Wien_1911.jpg
p.006	レイリー	https://commons.wikimedia.org/wiki/File:John_William_Strutt.jpg
	ジーンズ	https://commons.wikimedia.org/wiki/File:James_Hopwood_Jeans.jpg
p.008	プランク	https://commons.wikimedia.org/wiki/File:Max_Planck_1933.jpg
	ニュートン	https://commons.wikimedia.org/wiki/File:GodfreyKneller-IsaacNewton-1689.jpg
p.012	ボルツマン	https://commons.wikimedia.org/wiki/File:Boltzmann2.jpg
p.016	レナルト	https://commons.wikimedia.org/wiki/File:Phillipp_Lenard_in_1900.jpg
p.020	ドルーデ	https://commons.wikimedia.org/wiki/File:Paul_Drude.jpg
p.034	ボーア	https://commons.wikimedia.org/wiki/File:Niels_Bohr.jpg
p.040	ラザフォード	https://commons.wikimedia.org/wiki/File:Ernest_Rutherford_LOC.jpg
p.057	ブラウン	https://commons.wikimedia.org/wiki/File:Robert_brown_botaniker.jpg
p.059	ギブズ	https://commons.wikimedia.org/wiki/File:Josiah_Willard_Gibbs_-from_MMS-.jpg
p.073	ペラン	https://commons.wikimedia.org/wiki/File:Jean_Perrin_1926.jpg
p.078	マクスウェル	https://commons.wikimedia.org/wiki/File:James_Clerk_Maxwell.png
p.107	マッハ	https://commons.wikimedia.org/wiki/File:Ernst_Mach_01.jpg
p.108	エトヴェシュ	https://commons.wikimedia.org/wiki/File:Roland_Eotvos.jpg
p.113	ガウス	https://commons.wikimedia.org/wiki/File:Carl_Friedrich_Gauss_1840_by_Jensen.jpg
p.115	リーマン	https://commons.wikimedia.org/wiki/File:Georg_Friedrich_Bernhard_Riemann.jpeg
p.116	リッチ	https://it.wikipedia.org/wiki/File:Ricci-Curbastro.jpeg
	レヴィ＝チヴィタ	https://commons.wikimedia.org/wiki/File:Levi-civita2.jpg

索引

アルファベット

EPR 相関……042, 054
EPR パラドックス……042, 054

あ行

アインシュタイン……i, iii, 002, 042
アインシュタインの A 係数……036
アインシュタインの B 係数……036
アインシュタインの関係式……066
アインシュタインの重力法則……115
アヴォガドロ数……017, 019, 072, 073
イオン化エネルギー……017
位相……040, 041, 097, 098
一般相対性原理……107, 113, 115
一般相対性理論……105, 106, 109, 112, 113, 114, 116
移動度……065
陰極線……015
ヴィーン……005
ヴィーンの式……005, 006, 008, 010, 032, 039, 118, 120
運動エネルギー……016, 102, 103
運動量……045
運動量の演算子……045
運動量保存……090
エーテル……008, 095
エトヴェシュ……108
エネルギー等分配則……123
エネルギーの揺らぎ……025, 029, 032
エネルギー保存の法則……101
「エネルギー要素」……126
エネルギー量子……014, 015, 016, 032
演算子……044
円周率……112
エントロピー……009, 011, 012, 013, 026, 061, 062, 123, 127
エントロピーの体積依存性……011, 014
エントロピーの揺らぎ……027, 028

か行

ガウス……112
ガウスの曲面……112, 113, 142
ガウス分布……069
化学ポテンシャル……058
拡散……065, 068
拡散係数……066
角振動数……097
確率……012, 013, 028, 035, 045, 067
加速度……109, 111, 112
花粉……056, 057
ガリレイ変換……077, 079
慣性系……076, 077, 110, 114
慣性質量……107, 109
慣性の法則……076
完全な理論……043, 044
観測可能な事実……107
観測可能量……044
観測の問題……042
気体定数……019
気体のイオン化……017
起電力……081, 094
希薄溶液……011, 014, 059, 062
ギブズ……059, 073
共変……113
局所（座標）系……114
曲線座標……112, 113
キルヒホフ……004
近似……007, 103
グーイ……074
空洞輻射……003, 004
偶発誤差の分布……069

索引 | 145

計量……105, 106, 110, 111, 112, 113, 115
ケルビン……023
限界振動数……016
懸濁粒子……056, 057, 059, 061, 065
光学……018, 078
交換可能でない演算子……043, 046, 048, 051
光子……040
光速度……079, 080, 082, 087
光速度不変の原理……082, 083, 084, 110
光電効果……002, 015, 016
光電子……015, 016
光量子……002, 009, 015, 016, 017
黒体……004
黒体輻射……003, 004
固体の比熱……019
固有関数……044, 047
固有値……044, 047

さ行

最大強度の振動数……118
座標の演算子……045, 050
座標変換……079, 113, 114, 136
ジーンズ……005
ジーンズの式……006, 007, 032, 123
紫外線……017
時間-空間概念……i, 082
仕事……062
自然放出……036, 041
実在……043, 044, 051, 052, 053
質量の増加……092
磁場……079, 093, 094, 139
磁場の振幅……097, 098
自由エネルギー……061
自由落下……114
重力質量……107, 109
重力場……109, 110, 114, 115
状態……035, 044
状態の確率……012, 013
状態方程式……058
状態量……127

浸透圧……057, 058, 059, 065
振動エネルギー……019
振動子……019, 021, 033, 034, 040, 121
振動子の数……122
振動子の平均エネルギー……019, 021, 033, 035, 122, 123
振動数……003, 014, 015, 016, 035, 097, 121
振動数条件……038, 040
スカラー……116
ストークス……065
ストークスの抵抗法則……065
ストークスの法則……014, 015
スピンの x 成分……053
スピンの z 成分……052, 053
正規分布……069
静止（質量）エネルギー……103
静止質量……092
積分公式……071, 129, 131
絶対温度……023
絶対揺らぎ……032
遷移……035
相対性原理……076, 105
相対揺らぎ……032
速度の加法規則……089, 090

た行

ダイヤモンドの比熱……022, 023
単色光輻射……011, 014
直交関数系……047, 049
テイラー級数……026, 067
デュロン-プティの法則……020, 023
デルタ関数……049, 133
電磁気学……003, 005, 008, 033, 078, 081, 082
電磁波のエネルギー密度……099, 101
電磁波の方程式……097, 099
電磁誘導……081
テンソル……105, 116
電場……079, 093, 094, 139
電場の振幅……097, 098
等価仮説……109, 110

等価原理……109
統計集団……059
統計的重率……035
同時刻の相対性……085
特殊相対性原理……105
特殊相対性理論……081, 082
時計の遅れ……088, 111
ドップラー効果……099
ドルーデ……020

な行

ニュートン……008
ニュートンの運動法則……076
ニュートンの運動方程式……077, 110
認識論的欠陥……106
熱運動……056, 065, 074
熱力学……009, 040, 059, 073, 123, 127
熱力学的重率……013
粘度……065, 072

は行

媒体……008
波数……045
波束の収縮……047
波長……045, 121
波動関数……043, 044, 047
波動性と粒子性の矛盾……025
パラドックス……042, 083
反転分布……040
光波動論……018
光粒子説……008
光ルミネセンス……014
微小変位……061, 062, 063, 064
比熱……019, 020, 022
微分の定義……063
フィック……066
フィックの拡散法則……066, 068
不確定性関係……043, 046, 048
輻射吸収……034, 036, 040
輻射式……005, 006, 031

輻射のエネルギー……005, 009, 026, 035
輻射のエントロピー……027, 123
輻射放出……034, 036
輻射密度……005, 033, 034, 036, 118
複素共役……045
物質量……017
物理学革命……i, iv
物理量……043
部分積分の公式……129
ブラウン……056
ブラウン運動……056, 057, 073
プランク……007, 033
プランク定数……005
プランクの式……006, 007, 031, 032, 037, 038, 126
ブロイの関係……045
分子運動論……012, 019, 056, 059, 060, 073, 119, 123
平均2乗変位……071, 072
ベクトル……116
ベクトル・ポテンシャル……121
ペラン……073
ヘルツ……078
変位則……038, 118, 120
放射性崩壊……040, 104, 108
ボーア……033, 038, 040
ポドルスキー……042
ポラニー……095
ボルツマン……012, 035, 073
ボルツマン原理……009, 012, 013, 014, 028
ボルツマン定数……005, 012, 019

ま行

マイケルソン-モーリーの実験……095
マクスウェル……078
マクスウェル分布……035, 119
マクスウェル方程式……003, 032, 033, 078, 079, 082, 083, 093, 097, 121, 137
マクスウェル方程式の変換……093, 136
マクスウェル-ボルツマン分布……035
マクスウェル理論……018, 078
摩擦係数……065

マッハ……106
ミンコフスキー空間……116
無重力状態……077, 114
矛盾……iii, iv, 018, 019, 025, 032, 033, 042, 053
ものさしの短縮……088, 111

や行

ユークリッド幾何学……i, 111, 113
ユークリッド空間……116
誘導吸収……036
誘導放出……034, 036, 039, 040
揺らぎ……025, 028, 031, 032

ら行

ラウールの法則……059
ラザフォード……040
リーマン……115
リーマン空間……115, 116
力学……082

理想気体……011, 014, 058
理想溶液……059
リッチ……115
粒子数密度……061, 062, 067, 068
粒子と波動……008
量子仮説……019
量子状態……035
量子力学……042, 043, 044
量子力学批判……042
量子論……002, 033, 035
レイリー……005
レヴィ-チヴィタ……115
レーザー……040, 041
レナルト……015
ローゼン……042
ローレンツ短縮……088
ローレンツ変換……082, 083, 085, 086, 087, 093
ローレンツ力……094
ロピタルの定理……070, 130

唐木田 健一
からきだ・けんいち

1946年，長野県生まれ．
1970年，東京大学理学部卒業．
1975年，東京大学大学院理学系研究科博士課程修了，理学博士．
もと富士ゼロックス株式会社基礎研究所所長．理論科学（メタサイエンス）専攻．

●著書
『ひとりで学べる一般相対性理論──ディラックの記号法で宇宙の方程式を解く』（講談社），
『原論文で学ぶ　アインシュタインの相対性理論』（ちくま学芸文庫），
『生命論──生命は宇宙において予期されていたものである』（批評社），
『エクセルギーの基礎』（オーム社），
『1968年には何があったのか──東大闘争私史』（批評社），
『理論の創造と創造の理論』（朝倉書店）ほか．
●桂愛景（けい・よしかげ）のペンネームによる著書
『サルトルの饗宴──サイエンスとメタサイエンス』（サイエンスハウス），
『基礎からの相対性理論──原論文を理解するために』（サイエンスハウス），
『ネオ・アナーキズムと科学批判』（共著，リブロポート），
『戯曲　アインシュタインの秘密』（サイエンスハウス）．

アインシュタインの物理学革命
理論はいかにして生まれたのか

発行日　2018年4月25日　第1版第1刷発行

著　者────唐木田　健一
発行者────串崎　浩
発行所────株式会社　日本評論社
　　　　　〒170-8474　東京都豊島区南大塚3-12-4
　　　　　電話（03）3987-8621［販売］
　　　　　　　（03）3987-8599［編集］
印　刷────精文堂印刷
製　本────牧製本印刷
装　幀────山田信也（スタジオ・ポット）

© Ken-ichi Karakida 2018 Printed in Japan
ISBN978-4-535-78867-1

JCOPY　〈（社）出版者著作権管理機構委託出版物〉
本書の無断複写は著作権法上での例外を除き禁じられています．複写される場合は，そのつど事前に，（社）出版者著作権管理機構（電話03-3513-6969，FAX 03-3513-6979，e-mail: info@jcopy.or.jp）の許諾を得てください．また，本書を代行業者等の第三者に依頼してスキャニング等の行為によりデジタル化することは，個人の家庭内の利用であっても，一切認められておりません．